新工科暨卓越工程师教育培养计划电子信息类专业系列教材

丛书顾问/郝 跃

DIANCICHANG LILUN JICHU XUEXI ZHIDAO

# 电磁场理论基础学习指导

■ 编著/王 慧 龚子平 柯亨玉

U0180147

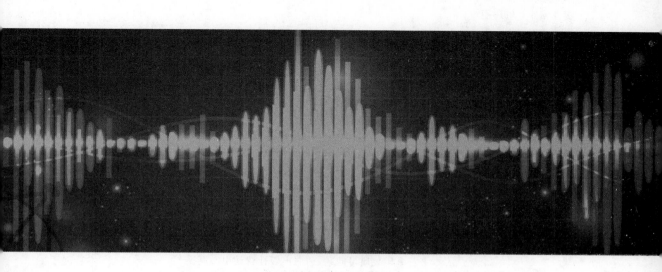

华中科技大学出版社
http://press.hust.edu.cn
中国·武汉

# 内 容 简 介

本书为配合柯亨玉教授等同仁所编著的《电磁场理论基础(第三版)》而出版的学习指导书,也是国家精品课程在线学习平台"电磁场与电磁波"(中、英文慕课)的学习指导书。本书的章节顺序与教材基本一致,并对每章的重难点进行了归纳和总结。本书对教材的主要课后习题进行了详细解答,给出较为具体的计算过程,并进一步阐述了其相关物理意义。除了教材的主要习题外,本书还增加了一些补充题。

本书可供使用《电磁场理论基础(第三版)》这本教材的师生教学和学习,也可供选用其他教材的全国高等学校电子和通信类专业的师生及从事相关电子技术领域工作的技术人员参考。

**图书在版编目(CIP)数据**

电磁场理论基础学习指导/王慧,龚子平,柯亨玉编著.—武汉:华中科技大学出版社,2022.12
ISBN 978-7-5680-8893-0

Ⅰ.①电…　Ⅱ.①王…　②龚…　③柯…　Ⅲ.①电磁场-高等学校-教学参考资料　Ⅳ.①O441.4

中国版本图书馆 CIP 数据核字(2022)第 249099 号

**电磁场理论基础学习指导**
Diancichang Lilun Jichu Xuexi Zhidao

王　慧　龚子平　柯亨玉　编著

策划编辑:范　莹
责任编辑:朱建丽
责任校对:刘　竣
封面设计:秦　茹
责任监印:周治超
出版发行:华中科技大学出版社(中国·武汉)　　电话:(027)81321913
　　　　　武汉市东湖新技术开发区华工科技园　　邮编:430223
录　　排:武汉市洪山区佳年华文印部
印　　刷:武汉开心印印刷有限公司
开　　本:787mm×1092mm　1/16
印　　张:7.75
字　　数:172 千字
版　　次:2022 年 12 月第 1 版第 1 次印刷
定　　价:39.80 元

# 前　言

　　电磁场理论在电子与通信技术领域具有非常重要的地位,世界各国高等学校的电子与信息技术类专业一直将其作为一门必修的基础课程。电磁场理论具有丰富而深厚的科学内涵,电磁波的应用领域也非常广泛,在电子、通信、卫星、导航、定位等高科技领域具有非常重要的地位。

　　本书为国家精品课程、国家精品在线开放课程和国家一流本科课程配套教材《电磁场理论基础(第三版)》的学习指导书,也是国家精品课程在线学习平台"电磁场与电磁波"(中、英文慕课)的学习指导书。本书可供选用其他教材的全国高等学校电子和通信类专业的师生及从事相关电子技术领域的技术人员参考。

　　本书主要收集了《电磁场理论基础(第三版)》一书中的主要习题,也增加了一些补充题,题型主要为概念题、计算题和应用题。本书给出详细的解题思路和具体的计算过程,并阐述了物理意义。本书能有助于学生更好地掌握电磁场相关物理问题的分析方法,进一步加强学生从工程问题中提炼数学模型、理论联系实际的能力。

　　本书分为 8 章,第 1 章为矢量分析和场论基础;第 2 章为电磁场的基本实验和基本理论;第 3 章为静态电磁场及其基本问题;第 4 章为电磁场解析方法;第 5 章为时变电磁场及其基本问题;第 6 章为平面电磁波;第 7 章为电磁波传播;第 8 章为电磁波辐射。

　　武汉大学电离层-磁层实验室的老师和研究生参与了本书的讨论和编辑,提出了宝贵意见。谨此一并致谢。

　　欢迎读者给予批评指正。

王　慧　龚子平　柯亨玉
2022 年 8 月于武汉大学

# 目 录

# 1

# 矢量分析与场论基础

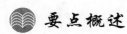 **要点概述**

矢量分析和场论是电磁场理论分析和应用的数学工具。本章总结了矢量分析与场论的基本理论,内容包括空间正交曲线坐标系的变换、矢量运算、标量场的梯度、矢量场的散度和旋度,以及矢量场的亥姆霍兹定理。

## 1.1　正交曲线坐标系

任意正交曲线坐标系$(q_1,q_2,q_3)$与直角坐标系$(x,y,z)$的单位矢量之间的变换关系为

$$\begin{bmatrix} \hat{e}_{q_1} \\ \hat{e}_{q_2} \\ \hat{e}_{q_3} \end{bmatrix} = \begin{bmatrix} \dfrac{\partial q_1(x,y,z)}{\kappa_1 \partial x} & \dfrac{\partial q_1(x,y,z)}{\kappa_1 \partial y} & \dfrac{\partial q_1(x,y,z)}{\kappa_1 \partial z} \\ \dfrac{\partial q_2(x,y,z)}{\kappa_2 \partial x} & \dfrac{\partial q_2(x,y,z)}{\kappa_2 \partial y} & \dfrac{\partial q_2(x,y,z)}{\kappa_2 \partial z} \\ \dfrac{\partial q_3(x,y,z)}{\kappa_3 \partial x} & \dfrac{\partial q_3(x,y,z)}{\kappa_3 \partial y} & \dfrac{\partial q_3(x,y,z)}{\kappa_3 \partial z} \end{bmatrix} \begin{bmatrix} \hat{e}_x \\ \hat{e}_y \\ \hat{e}_z \end{bmatrix}$$

式中:

$$\kappa_i = \sqrt{\left[\dfrac{\partial q_i(x,y,z)}{\partial x}\right]^2 + \left[\dfrac{\partial q_i(x,y,z)}{\partial y}\right]^2 + \left[\dfrac{\partial q_i(x,y,z)}{\partial z}\right]^2}, \quad i=1,2,3$$

两种经常使用的坐标系与直角坐标系的转换关系如下。

(1) 圆柱坐标系与直角坐标系的单位矢量的变换关系为

$$\begin{bmatrix} \hat{e}_\rho \\ \hat{e}_\varphi \\ \hat{e}_z \end{bmatrix} = \begin{bmatrix} \cos\varphi & \sin\varphi & 0 \\ -\sin\varphi & \cos\varphi & 0 \\ 0 & 0 & 1 \end{bmatrix} \begin{bmatrix} \hat{e}_x \\ \hat{e}_y \\ \hat{e}_z \end{bmatrix}$$

(2) 球坐标系与直角坐标系的单位矢量的变换关系为

$$\begin{pmatrix} \hat{e}_r \\ \hat{e}_\theta \\ \hat{e}_\varphi \end{pmatrix} = \begin{pmatrix} \sin\theta\cos\varphi & \sin\theta\sin\varphi & \cos\theta \\ \cos\theta\cos\varphi & \cos\theta\sin\varphi & -\sin\theta \\ -\sin\varphi & \cos\varphi & 0 \end{pmatrix} \begin{pmatrix} \hat{e}_x \\ \hat{e}_y \\ \hat{e}_z \end{pmatrix}$$

## 1.2　矢量基本运算

标量积：当两个矢量垂直时，标量积为零。

$$\vec{A} \cdot \vec{B} = |\vec{A}||\vec{B}|\cos\theta_{AB} = \sum_{i=1}^{3} A_i B_i = A_1 B_1 + A_2 B_2 + A_3 B_3$$

矢量积：当两矢量平行时，矢量积为零。

$$\vec{C} = \vec{A} \times \vec{B} = |\vec{A}||\vec{B}|\sin\theta_{AB}\hat{n}$$
$$= \hat{e}_x(A_y B_z - B_y A_z) + \hat{e}_y(A_z B_x - B_z A_y) + \hat{e}_z(A_x B_y - B_x A_y)$$

三矢量混合积：矢量 $\vec{A}$、$\vec{B}$、$\vec{C}$ 构成的平行六面体的体积。

$$(\vec{A} \times \vec{B}) \cdot \vec{C} = \begin{vmatrix} A_1 & A_2 & A_3 \\ B_1 & B_2 & B_3 \\ C_1 & C_2 & C_3 \end{vmatrix}$$

三重矢量积：

$$(\vec{A} \times \vec{B}) \times \vec{C} = \vec{B}(\vec{A} \cdot \vec{C}) - \vec{A}(\vec{B} \cdot \vec{C}) = \begin{vmatrix} \hat{e}_x & \hat{e}_y & \hat{e}_z \\ \begin{vmatrix} A_2 & A_3 \\ B_2 & B_3 \end{vmatrix} & \begin{vmatrix} A_3 & A_1 \\ B_3 & B_1 \end{vmatrix} & \begin{vmatrix} A_1 & A_2 \\ B_1 & B_2 \end{vmatrix} \\ C_1 & C_2 & C_3 \end{vmatrix}$$

## 1.3　梯度、散度和旋度

在任意正交曲线坐标系中，坐标变量为 $q_i(i=1,2,3)$，$h_i$ 为拉梅（Lame）系数，空间任意一点的梯度、散度和旋度的表达式分别为

$$\nabla u = \frac{\hat{e}_{q_1}}{h_1}\frac{\partial u}{\partial q_1} + \frac{\hat{e}_{q_2}}{h_2}\frac{\partial u}{\partial q_2} + \frac{\hat{e}_{q_3}}{h_3}\frac{\partial u}{\partial q_3}$$

$$\nabla \cdot \vec{F} = \frac{1}{h_1 h_2 h_3}\left[\frac{\partial}{\partial q_1}(h_2 h_3 F_1) + \frac{\partial}{\partial q_2}(h_1 h_3 F_2) + \frac{\partial}{\partial q_3}(h_1 h_2 F_3)\right]$$

$$\nabla \times \vec{F} = \frac{1}{h_1 h_2 h_3}\begin{vmatrix} \hat{e}_{q_1} h_1 & \hat{e}_{q_2} h_2 & \hat{e}_{q_3} h_3 \\ \dfrac{\partial}{\partial q_1} & \dfrac{\partial}{\partial q_2} & \dfrac{\partial}{\partial q_3} \\ h_1 F_1 & h_2 F_2 & h_3 F_3 \end{vmatrix} = \frac{\hat{e}_{q_1}}{h_2 h_3}\left(\frac{\partial(h_3 F_3)}{\partial q_2} - \frac{\partial(h_2 F_2)}{\partial q_3}\right)$$

$$+ \frac{\hat{e}_{q_2}}{h_1 h_3}\left(\frac{\partial(h_1 F_1)}{\partial q_3} - \frac{\partial(h_3 F_3)}{\partial q_1}\right) + \frac{\hat{e}_{q_3}}{h_1 h_2}\left(\frac{\partial(h_2 F_2)}{\partial q_1} - \frac{\partial(h_1 F_1)}{\partial q_1}\right)$$

式中：Lame 系数为

$$h_i = \sqrt{\left(\frac{\partial x}{\partial q_i}\right)^2 + \left(\frac{\partial y}{\partial q_i}\right)^2 + \left(\frac{\partial z}{\partial q_i}\right)^2}, \quad i=1,2,3$$

矢量场的高斯定律:矢量场对任意闭合曲面的通量等于该闭合曲面所包含体积中矢量场散度的体积分。

矢量场的斯托克斯定理:矢量场沿闭合环路的积分等于矢量场的旋度对该环路所包含面积的积分。

## 1.4　亥姆霍兹定理

亥姆霍兹定理:任何一个矢量场由两个部分构成,其中一部分为无散场,由旋涡源激发;另一部分是无旋场,由通量源激发。亥姆霍兹定理回答了唯一确定矢量场的条件。

由于一个标量场的梯度必无旋,一个矢量场的旋度必无散,所以任意一个矢量场都可以表示为

$$\vec{F}(\vec{r}) = -\boldsymbol{\nabla} u(\vec{r}) + \boldsymbol{\nabla} \times \vec{A}(\vec{r})$$

式中:$u$ 为标量场,$\vec{A}$ 为矢量场。

### ❀ 基本要求

理解标量场与矢量场的概念,了解标量场的等值面和矢量场的矢力线的概念。熟练掌握直角坐标系、圆柱坐标系和球坐标系及其相互转换。掌握矢量场的散度和旋度、标量场的梯度等基本概念,应深刻灵活应用任意正交曲线坐标系中散度、旋度和梯度的计算方法。应熟练掌握和应用高斯定理和斯托克斯定理,深刻理解亥姆霍兹定理的重要意义。

## 思考与练习题 1

**1.** 如果矢量 $\vec{A} \cdot \vec{B} = \vec{A} \cdot \vec{C}$,是否意味着 $\vec{B} = \vec{C}$? 为什么?

**解** 否。设矢量 $\vec{A}$、$\vec{B}$ 间夹角为 $\theta_1$、$\vec{A}$、$\vec{C}$ 间夹角为 $\theta_2$,则由 $\vec{A} \cdot \vec{B} = \vec{A} \cdot \vec{C}$,得 $|\vec{A}| \cdot |\vec{B}|\cos\theta_1 = |\vec{A}| \cdot |\vec{C}|\cos\theta_2$,但不能得出 $\vec{B} = \vec{C}$。例如,当 $|\vec{B}| = \sqrt{3}$,$\cos\theta_1 = \frac{\sqrt{3}}{3}$ 时,$|\vec{B}|\cos\theta_1 = 1$;当 $|\vec{C}| = \sqrt{2}$,$\cos\theta_2 = \frac{\sqrt{2}}{2}$ 时,$|\vec{C}|\cos\theta_2 = 1$,显然 $|\vec{A}| \cdot |\vec{B}|\cos\theta_1 = |\vec{A}| \cdot |\vec{C}|\cos\theta_2$,但 $\vec{B} \neq \vec{C}$。

**2.** 如果矢量 $\vec{A} \times \vec{B} = \vec{A} \times \vec{C}$,是否意味着 $\vec{B} = \vec{C}$? 为什么?

**解** 否。例如,$\vec{A} = \hat{e}_x - \hat{e}_y$,$\vec{B} = \hat{e}_x + \hat{e}_y$,$\vec{C} = 2\hat{e}_y$,则 $\vec{A} \times \vec{B} = 2\hat{e}_z$,$\vec{A} \times \vec{C} = 2\hat{e}_z$。有 $\vec{A} \times \vec{B} = \vec{A} \times \vec{C}$ 但显然 $\vec{B} \neq \vec{C}$。

**3.** 为什么不同的正交曲线坐标系之间存在唯一的相互变换关系?

**解** 在一个正交曲线坐标系中,空间某一点的位置可以用该正交曲线坐标系的坐标变量唯一确定。而正交曲线坐标系的坐标量也可以由另外一个正交曲线坐标系的坐标量唯一表示。所以,不同正交曲线坐标系之间必然存在相互变换的关系,且这种变换关系一一对应。

**4.** 什么是拉梅系数? 其具体的意义是什么?

**解** 拉梅系数为

$$h_i = \sqrt{\left(\frac{\partial x}{\partial q_i}\right)^2 + \left(\frac{\partial y}{\partial q_i}\right)^2 + \left(\frac{\partial z}{\partial q_i}\right)^2}, \quad i=1,2,3$$

其意义是:当每个维度坐标单独进行微小改变时,该坐标线的弧长增量与该坐标的增量二者之间的比值。

**5.** 什么是场? 物理和数学上如何定义场?

**解** 从物理学角度看,场是弥散于空间一定区域的特殊物质,是物质存在的一种基本形式,如引力场、电场、磁场等。从数学上看,场是定义在确定空间区域上的函数。

**6.** 什么是矢量场的通量和环量? 其值分别为正、负或零代表什么意义?

**解** 在矢量场定义的空间区域内过点 $M(x,y,z)$,选取小面元 $\Delta S$,定义穿过该面元矢量线的总数 $\Delta \psi = \vec{F}(x,y,z) \cdot \hat{n} \Delta S$ 为矢量场 $\vec{F}(x,y,z)$ 对矢量面元 $\Delta S$ 的通量,其中 $\hat{n}$ 为该面元的单位法矢量。通量为正,表示有净的矢量线流出闭合曲面;通量为零,表示流入和流出闭合曲面的矢量线相等或没有矢量线流入、流出闭合曲面;通量为负,表示有净的矢量线流入闭合曲面。

矢量场对闭合曲线 $L$ 的环量定义为该矢量对闭合曲线 $L$ 的线积分,记为

$$\Gamma = \oint_L \vec{F}(x,y,z) \cdot \mathrm{d}\vec{L} = \int_L F(x,y,z) \cdot \cos\theta \mathrm{d}L$$

环量 $\Gamma$ 为正、负或零分别表示闭合曲线 $L$ 内有正旋涡源、负旋涡源和无旋涡源。

**7.** 什么是标量场的梯度? 说明其几何意义与物理意义。

**解** 定义标量场的梯度为场的方向导数取最大值的方向及数值,$\nabla u = \hat{n} \frac{\partial u}{\partial l}\Big|_{\max} = \hat{e}_x \frac{\partial u}{\partial x} + \hat{e}_y \frac{\partial u}{\partial y} + \hat{e}_z \frac{\partial u}{\partial z}$。标量场的梯度是矢量,其方向表示标量场变化最快(增大)的方向,其数值表示变化最快方向上场的空间变化率。标量场的梯度建立了标量场与矢量场的联系,这一联系使得某一类无旋的矢量场可以通过标量场来研究,或者说标量场可以通过无旋的矢量场来研究。

**8.** 什么是矢量的场散度、旋度? 说明其物理意义。

**解** 矢量场的散度为度量矢量场发散程度的量,其定义为:矢量场通过包含点 $M(x,y,z)$ 闭合曲面的通量与该闭合曲面体积之比的极限,记为 $\mathrm{div}\vec{F}(x,y,z) = \lim_{\Delta V \to 0} \dfrac{\oiint_S \vec{F}(x,y,z) \cdot \mathrm{d}\vec{S}}{\Delta V}$。散度是通量的体密度,当 $\mathrm{div}\vec{F} > 0$ 时,表示该点有散发通量的正源(发散源);当 $\mathrm{div}\vec{F} < 0$ 时,表示该点有吸收通量的负源(汇聚源);当 $\mathrm{div}\vec{F} = 0$ 时,表

示该点的矢量场场线没有发出也没有流入。

旋度是描述矢量场(矢力线)旋转特性的量,其定义为:矢量场对包含点 $M(x,y,z)$ 的小面元 $\Delta S$ 的边界 $l$ 的环量与小面元 $\Delta S$ 比值之极限的最大值及取得最大值时小面元之法向,即 $\mathbf{rot}\vec{F}=\left[\hat{n}\lim\limits_{\Delta S\to 0}\dfrac{\oint\vec{F}\cdot\mathrm{d}\vec{l}}{\Delta S}\right]_{\max}$。旋度为矢量,表示环量密度矢量,即旋度与该点的漩涡源相联系,如果 $\mathbf{rot}\vec{F}=0$,则表示该场为保守场(无旋场),反之为有旋场。

**9.** 矢量场的散度、旋度与产生矢量场的源有什么关系?

**解** 点 $M(x,y,z)$ 处矢量场的散度与该点通量源的密度有关,如果通量源激发的矢量场满足线性关系,则点 $M(x,y,z)$ 处矢量场的散度与该点通量源密度的关系可表示为 $\nabla\cdot\vec{F}=\kappa\rho(x,y,z)$。

旋度与产生有旋矢量场的旋涡源密切相关,如果激励源与产生的场为线性关系,得到场与漩涡源密度满足关系 $\nabla\times\vec{F}=\kappa\vec{J}(x,y,z)$。

**10.** 矢量场由几个部分组成? 各有什么性质? 与激励源有何关系?

**解** 任何一个矢量场由两个部分组成,其中一部分是无散场,由旋涡源激发;另一部分是无旋场,由通量源激发。

**11.** 证明矢量 $\vec{A}=\hat{e}_x4-\hat{e}_y2-\hat{e}_z$ 和 $\vec{B}=\hat{e}_x+\hat{e}_y4-\hat{e}_z4$ 相互垂直。

**证** $\vec{A}\cdot\vec{B}=4-8+4=0$,两个矢量的散度为零,表示这两个矢量的夹角为 $90°$,即这两个矢量相互垂直。

**12.** 已知矢量 $\vec{A}=\hat{e}_y5.8+\hat{e}_z1.5$ 和 $\vec{B}=-\hat{e}_y6.93+\hat{e}_z4$,求两矢量的夹角。

**解** $\theta=\arccos\left[\dfrac{\vec{A}\cdot\vec{B}}{|\vec{A}|\cdot|\vec{B}|}\right]=\arccos\dfrac{-5.8\times6.93+1.5\times4}{\sqrt{5.8^2+1.5^2}\times\sqrt{6.93^2+4^2}}$

$=\arccos(-0.7133)\approx135.5°$

**13.** 如果 $A_xB_x+A_yB_y+A_zB_z=0$,证明:矢量 $\vec{A}$ 和 $\vec{B}$ 处处垂直。

**证** $\vec{A}\cdot\vec{B}=A_xB_x+A_yB_y+A_zB_z=0$ 说明 $\vec{A}$ 与 $\vec{B}$ 矢量的夹角为 $90°$,即两矢量相互垂直。

**14.** 导出正交曲线坐标系中相邻两点弧长的一般表达式。

**解** 当坐标变量沿坐标轴由 $u_i$ 增至 $u_i+\mathrm{d}u_i$ 时,相应的线元矢量 $\mathrm{d}\vec{l}_i$ 为

$$\mathrm{d}\vec{l}_i=\vec{\gamma}(u_i+\mathrm{d}u_i)-\vec{\gamma}(u_i)=\frac{\partial\vec{\gamma}}{\partial u_i}\mathrm{d}u_i=\hat{u}_i\left|\frac{\partial\vec{\gamma}}{\partial u_i}\right|\mathrm{d}u_i$$

式中:弧长 $|\mathrm{d}\vec{l}_i|=\mathrm{d}l_i=\left|\dfrac{\partial\vec{\gamma}}{\partial u_i}\right|\mathrm{d}u_i$,其中

$$\vec{\gamma}=\hat{x}_1x_1+\hat{x}_2x_2+\hat{x}_3x_3$$

$$\frac{\partial\vec{\gamma}}{\partial u_i}=\sum_{j=1}^{3}\frac{\partial x_j}{\partial u_i}\hat{x}_j$$

$$\left|\frac{\partial\vec{\gamma}}{\partial u_i}\right|=\sqrt{\sum_{j=1}^{3}\left(\frac{\partial x_j}{\partial u_i}\right)^2}$$

令 $h_i = \sqrt{\sum_{j=1}^{3}\left(\dfrac{\partial x_j}{\partial u_i}\right)^2}$,则

$$\mathrm{d}l_i = h_i \mathrm{d}u_i$$

**15.** 根据算符$\mathbf{\nabla}$的矢量特性,推导下列公式:

(1) $\mathbf{\nabla}(\vec{A}\cdot\vec{B}) = \vec{B}\times(\mathbf{\nabla}\times\vec{A}) + (\vec{B}\cdot\mathbf{\nabla})\vec{A} + \vec{A}\times(\mathbf{\nabla}\times\vec{B}) + (\vec{A}\cdot\mathbf{\nabla})\vec{B}$

(2) $\vec{A}\times(\mathbf{\nabla}\times\vec{A}) = \dfrac{1}{2}\mathbf{\nabla}A^2 - (\vec{A}\cdot\mathbf{\nabla})\vec{A}$

(3) $\mathbf{\nabla}\cdot(\vec{E}\times\vec{H}) = \vec{H}\cdot\mathbf{\nabla}\times\vec{E} - \vec{E}\cdot\mathbf{\nabla}\times\vec{H}$

**解**　**(1)　解法 1**　根据$\mathbf{\nabla}$算子的微分性质,并按乘积的微分法则,有

$$\mathbf{\nabla}(\vec{A}\cdot\vec{B}) = \mathbf{\nabla}(\vec{A}_c\cdot\vec{B}) + \mathbf{\nabla}(\vec{A}\cdot\vec{B}_c)$$

式中:$\vec{A}_c$、$\vec{B}_c$ 暂时为常矢,再根据二重矢量积公式

$$\vec{a}\times(\vec{b}\times\vec{c}) = (\vec{a}\cdot\vec{c})\vec{b} - (\vec{a}\cdot\vec{b})\vec{c}$$

将上式右端项的常矢轮换到$\mathbf{\nabla}$的前面,使变矢都留在$\mathbf{\nabla}$的后面

$$\vec{A}_c = \vec{a}, \quad \mathbf{\nabla}(\vec{A}_c\cdot\vec{B}) = \vec{A}_c\times(\mathbf{\nabla}\times\vec{B}) + (\vec{A}_c\cdot\mathbf{\nabla})\vec{B}$$
$$\vec{B}_c = \vec{a}, \quad \mathbf{\nabla}(\vec{A}\cdot\vec{B}_c) = \vec{B}_c\times(\mathbf{\nabla}\times\vec{A}) + (\vec{B}_c\cdot\mathbf{\nabla})\vec{A}$$

则

$$\mathbf{\nabla}(\vec{A}\cdot\vec{B}) = \vec{A}_c\times(\mathbf{\nabla}\times\vec{B}) + (\vec{A}_c\cdot\mathbf{\nabla})\vec{B} + \vec{B}_c\times(\mathbf{\nabla}\times\vec{A}) + (\vec{B}_c\cdot\mathbf{\nabla})\vec{A}$$

除去下标 $c$ 即可

$$\mathbf{\nabla}(\vec{A}\cdot\vec{B}) = \vec{A}\times(\mathbf{\nabla}\times\vec{B}) + (\vec{A}\cdot\mathbf{\nabla})\vec{B} + \vec{B}\times(\mathbf{\nabla}\times\vec{A}) + (\vec{B}\cdot\mathbf{\nabla})\vec{A}$$

**解法 2**　在直角坐标系里展开矢量,先证明等式两侧矢量的 $x$ 分量相等。

左式:$[\mathbf{\nabla}(\vec{A}\cdot\vec{B})]\cdot\hat{e}_x = \dfrac{\partial}{\partial x}(A_xB_x + A_yB_y + A_zB_z)$

$$= B_x\frac{\partial A_x}{\partial x} + A_x\frac{\partial B_x}{\partial x} + A_y\frac{\partial B_y}{\partial x} + B_y\frac{\partial A_y}{\partial x} + A_z\frac{\partial B_z}{\partial x} + B_z\frac{\partial A_z}{\partial x}$$

右式四项:$[\vec{B}\times(\mathbf{\nabla}\times\vec{A})]\cdot\hat{e}_x = B_y\left(\dfrac{\partial A_y}{\partial x} - \dfrac{\partial A_x}{\partial y}\right) - B_z\left(\dfrac{\partial A_x}{\partial z} - \dfrac{\partial A_z}{\partial x}\right)$

$$[(\vec{B}\cdot\mathbf{\nabla})\vec{A}]\cdot\hat{e}_x = B_x\frac{\partial A_x}{\partial x} + B_y\frac{\partial A_x}{\partial y} + B_z\frac{\partial A_x}{\partial z}$$

$$[\vec{A}\times(\mathbf{\nabla}\times\vec{B})]\cdot\hat{e}_x = A_y\left(\frac{\partial B_y}{\partial x} - \frac{\partial B_x}{\partial y}\right) - A_z\left(\frac{\partial B_x}{\partial z} - \frac{\partial B_z}{\partial x}\right)$$

$$[(\vec{A}\cdot\mathbf{\nabla})\vec{B}]\cdot\hat{e}_x = A_x\frac{\partial B_x}{\partial x} + A_y\frac{\partial B_x}{\partial y} + A_z\frac{\partial B_x}{\partial z}$$

由此可证:

$$[\mathbf{\nabla}(\vec{A}\cdot\vec{B})]\cdot\hat{e}_x = [\vec{B}\times(\mathbf{\nabla}\times\vec{A})]\cdot\hat{e}_x + [(\vec{B}\cdot\mathbf{\nabla})\vec{A}]\cdot\hat{e}_x$$
$$+ [\vec{A}\times(\mathbf{\nabla}\times\vec{B})]\cdot\hat{e}_x + [(\vec{A}\cdot\mathbf{\nabla})\vec{B}]\cdot\hat{e}_x$$

同理可以证明左右两侧算式的 $y$、$z$ 分量相等。

(2) 利用(1)的结果,令$\vec{A}=\vec{B}$ 即可。

(3) 根据$\mathbf{\nabla}$算子的微分性质,并按乘积的微分法则,有

$$\mathbf{\nabla}\cdot(\vec{E}\times\vec{H}) = \mathbf{\nabla}\cdot(\vec{E}_c\times\vec{H}) + \mathbf{\nabla}\cdot(\vec{E}\times\vec{H}_c)$$

再∇算子的矢量特性,并据公式

$$\vec{a}\cdot(\vec{b}\times\vec{c})=\vec{c}\cdot(\vec{a}\times\vec{b})=\vec{b}\cdot(\vec{c}\times\vec{a})$$

将常矢轮换到∇的前面

$$\nabla\cdot(\vec{E}_c\times\vec{H})=-\vec{E}_c\cdot(\nabla\times\vec{H}),\quad \vec{E}_c=\vec{a},\quad \nabla=\vec{b},\quad \vec{H}=\vec{c}$$

$$\nabla\cdot(\vec{E}\times\vec{H}_c)=\vec{H}_c\cdot(\nabla\times\vec{E}),\quad \vec{H}_c=\vec{a},\quad \nabla=\vec{b},\quad \vec{E}=\vec{c}$$

得

$$\nabla\cdot(\vec{E}\times\vec{H})=\vec{H}_c\cdot(\nabla\times\vec{E})-\vec{E}_c\cdot(\nabla\times\vec{H})$$
$$=\vec{H}\cdot(\nabla\times\vec{E})-\vec{E}\cdot(\nabla\times\vec{H})$$

也可以仿照(1)的第二种解题方法进行证明。

**16.** 设 $R=|\vec{r}-\vec{r}'|=\sqrt{(x-x')^2+(y-y')^2+(z-z')^2}$,证明下列结果:

$$\nabla R=-\nabla'R=\frac{\vec{R}}{R},\quad \nabla\frac{1}{R}=-\nabla'\frac{1}{R}=-\frac{\vec{R}}{R^3},$$

$$\nabla\times\frac{\vec{R}}{R^3}=0,\quad \nabla\cdot\frac{\vec{R}}{R^3}=-\nabla'\cdot\frac{\vec{R}}{R^3}=0,\quad (R\neq0)$$

**证** $\nabla R=\dfrac{\partial R}{\partial x}\hat{e}_x+\dfrac{\partial R}{\partial y}\hat{e}_y+\dfrac{\partial R}{\partial z}\hat{e}_z=\dfrac{(x-x')}{R}\hat{e}_x+\dfrac{(y-y')}{R}\hat{e}_y+\dfrac{(z-z')}{R}\hat{e}_z=\dfrac{\vec{R}}{R}$.

$\nabla'R=\dfrac{\partial R}{\partial x'}\hat{e}_x+\dfrac{\partial R}{\partial y'}\hat{e}_y+\dfrac{\partial R}{\partial z'}\hat{e}_z=\dfrac{-(x-x')}{R}\hat{e}_x+\dfrac{-(y-y')}{R}\hat{e}_y+\dfrac{-(z-z')}{R}\hat{e}_z=-\dfrac{\vec{R}}{R}$

所以

$$\nabla R=-\nabla'R=\frac{\vec{R}}{R}$$

根据公式

$$\nabla f(u)=\frac{\mathrm{d}f}{\mathrm{d}u}\nabla u$$

$$\nabla\frac{1}{R}=-\frac{1}{R^2}\nabla R=-\frac{\vec{R}}{R^3}$$

$$\nabla'\frac{1}{R}=-\frac{1}{R^2}\nabla'R=\frac{\vec{R}}{R^3}$$

所以

$$\nabla\frac{1}{R}=-\nabla'\frac{1}{R}=-\frac{\vec{R}}{R^3}$$

$$\nabla\times\frac{\vec{R}}{R^3}=-\nabla\times\nabla\frac{1}{R}=0\quad (\text{梯度的旋度等于零})$$

$$\nabla\cdot\frac{\vec{R}}{R^3}=\frac{1}{R^3}\nabla\cdot\vec{R}+\vec{R}\cdot\nabla\frac{1}{R^3}=\frac{3}{R^3}+\vec{R}\cdot(-3)\frac{1}{R^4}\nabla R$$

$$=\frac{3}{R^3}+\vec{R}\cdot\frac{-3\vec{R}}{R^5}=0\quad (R\neq0)$$

同理

$$\nabla'\cdot\frac{\vec{R}}{R^3}=\frac{1}{R^3}\nabla'\cdot\vec{R}+\vec{R}\cdot\nabla'\frac{1}{R^3}=\frac{-3}{R^3}+\vec{R}\cdot(-3)\frac{1}{R^4}\nabla'R$$

$$=\frac{-3}{R^3}+\vec{R}\cdot\frac{3\vec{R}}{R^5}=-\mathbf{\nabla}\cdot\frac{\vec{R}}{R^3}=0 \quad (R\neq 0)$$

**17.** 设 $u$ 是空间直角坐标 $x,y,z$ 的函数,证明:

$$\mathbf{\nabla}f(u)=\frac{\mathrm{d}f}{\mathrm{d}u}\mathbf{\nabla}u,\quad \mathbf{\nabla}\cdot\vec{A}(u)=\mathbf{\nabla}u\cdot\frac{\mathrm{d}\vec{A}}{\mathrm{d}u},\quad \mathbf{\nabla}\times\vec{A}(u)=\mathbf{\nabla}u\times\frac{\mathrm{d}\vec{A}}{\mathrm{d}u}$$

**证** (1) $\mathbf{\nabla}=\hat{e}_x\dfrac{\partial}{\partial x}+\hat{e}_y\dfrac{\partial}{\partial y}+\hat{e}_z\dfrac{\partial}{\partial z}$

$$\mathbf{\nabla}f(u)=\hat{e}_x\frac{\partial f(u)}{\partial x}+\hat{e}_y\frac{\partial f(u)}{\partial y}+\hat{e}_z\frac{\partial f(u)}{\partial z}=\hat{e}_x\frac{\partial f}{\partial u}\cdot\frac{\partial u}{\partial x}+\hat{e}_y\frac{\partial f}{\partial u}\cdot\frac{\partial u}{\partial y}+\hat{e}_z\frac{\partial f}{\partial u}\cdot\frac{\partial u}{\partial z}$$

$$=\frac{\mathrm{d}f}{\mathrm{d}u}\left(\hat{e}_x\frac{\partial u}{\partial x}+\hat{e}_y\frac{\partial u}{\partial y}+\hat{e}_z\frac{\partial u}{\partial z}\right)=\frac{\mathrm{d}f}{\mathrm{d}u}\mathbf{\nabla}u$$

(2) $\mathbf{\nabla}\cdot\vec{A}(u)=\dfrac{\partial A_x}{\partial x}+\dfrac{\partial A_y}{\partial x}+\dfrac{\partial A_z}{\partial x}=\dfrac{\partial A_x}{\partial u}\cdot\dfrac{\partial u}{\partial x}+\dfrac{\partial A_y}{\partial u}\cdot\dfrac{\partial u}{\partial y}+\dfrac{\partial A_z}{\partial u}\cdot\dfrac{\partial u}{\partial z}$

$$=\left(\hat{e}_x\frac{\partial A_x}{\partial u}+\hat{e}_y\frac{\partial A_y}{\partial u}+\hat{e}_z\frac{\partial A_z}{\partial u}\right)\cdot\left(\hat{e}_x\frac{\partial u}{\partial x}\cdot+\hat{e}_y\frac{\partial u}{\partial y}+\hat{e}_z\frac{\partial u}{\partial z}\right)$$

$$=\mathbf{\nabla}u\cdot\frac{\mathrm{d}\vec{A}}{\mathrm{d}u}$$

(3) $\mathbf{\nabla}\times\vec{A}(u)=\begin{vmatrix}\hat{e}_x & \hat{e}_y & \hat{e}_z \\ \dfrac{\partial}{\partial x} & \dfrac{\partial}{\partial y} & \dfrac{\partial}{\partial z} \\ A_x & A_y & A_z\end{vmatrix}$

$$=\hat{e}_x\left(\frac{\partial A_z}{\partial y}-\frac{\partial A_y}{\partial z}\right)+\hat{e}_y\left(\frac{\partial A_x}{\partial z}-\frac{\partial A_z}{\partial x}\right)+\hat{e}_z\left(\frac{\partial A_y}{\partial x}-\frac{\partial A_x}{\partial y}\right)$$

$$=\hat{e}_x\left(\frac{\partial A_z}{\partial u}\cdot\frac{\partial u}{\partial y}-\frac{\partial A_y}{\partial u}\cdot\frac{\partial u}{\partial z}\right)+\hat{e}_y\left(\frac{\partial A_x}{\partial u}\cdot\frac{\partial u}{\partial z}-\frac{\partial A_z}{\partial u}\cdot\frac{\partial u}{\partial x}\right)$$

$$+\hat{e}_z\left(\frac{\partial A_y}{\partial u}\cdot\frac{\partial u}{\partial x}-\frac{\partial A_x}{\partial u}\cdot\frac{\partial u}{\partial y}\right)=\begin{vmatrix}\hat{e}_x & \hat{e}_y & \hat{e}_z \\ \dfrac{\partial u}{\partial x} & \dfrac{\partial u}{\partial y} & \dfrac{\partial u}{\partial z} \\ \dfrac{\mathrm{d}A_x}{\mathrm{d}u} & \dfrac{\mathrm{d}A_y}{\mathrm{d}u} & \dfrac{\mathrm{d}A_z}{\mathrm{d}u}\end{vmatrix}$$

$$=\mathbf{\nabla}u\times\frac{\mathrm{d}\vec{A}}{\mathrm{d}u}$$

**18.** 求 $\mathbf{\nabla}\cdot[\vec{E}_0\sin(\vec{k}\cdot\vec{r})]$ 及 $\mathbf{\nabla}\times[\vec{E}_0\sin(\vec{k}\cdot\vec{r})]$,其中 $\vec{E}_0,\vec{k}$ 为常矢量。

**解** $\mathbf{\nabla}\cdot[\vec{E}_0\sin(\vec{k}\cdot\vec{r})]=\vec{E}_0\cdot\mathbf{\nabla}\sin(\vec{k}\cdot\vec{r})=\vec{E}_0\cdot\cos(\vec{k}\cdot\vec{r})\mathbf{\nabla}(\vec{k}\cdot\vec{r})$

$$=\vec{E}_0\cdot(\vec{k}\cdot\mathbf{\nabla})\vec{r}\cos(\vec{k}\cdot\vec{r})=\vec{E}_0\cdot\vec{k}\cos(\vec{k}\cdot\vec{r})$$

$$\mathbf{\nabla}\times[\vec{E}_0\sin(\vec{k}\cdot\vec{r})]=\mathbf{\nabla}\sin(\vec{k}\cdot\vec{r})\times\vec{E}_0=\cos(\vec{k}\cdot\vec{r})\vec{k}\times\vec{E}_0$$

**19.** 应用高斯定理证明: $\displaystyle\iiint_V(\mathbf{\nabla}\times\vec{f})\mathrm{d}V=\oiint_S\mathrm{d}\vec{S}\times\vec{f}$。

**证** 用常矢量 $\vec{c}$ 点乘式子左边,得

$$\vec{c}\cdot\iiint_V(\mathbf{\nabla}\times\vec{f})\mathrm{d}V=\iiint_V\vec{c}\cdot(\mathbf{\nabla}\times\vec{f})\mathrm{d}V$$

利用矢量恒等式

$$\mathbf{\nabla} \cdot (\vec{f} \times \vec{c}) = (\mathbf{\nabla} \times \vec{f}) \cdot \vec{c} = \vec{c} \cdot (\mathbf{\nabla} \times \vec{f})$$

所以

$$\iiint\limits_V \vec{c} \cdot (\mathbf{\nabla} \times \vec{f}) \mathrm{d}V = \iiint\limits_V \mathbf{\nabla} \cdot (\vec{f} \times \vec{c}) \mathrm{d}V = \oiint\limits_S (\vec{f} \times \vec{c}) \cdot \mathrm{d}\vec{S}$$

$$= \oiint\limits_S (\vec{f} \times \vec{c}) \cdot \hat{n} \mathrm{d}S = \oiint\limits_S \vec{c} \cdot (\hat{n} \times \vec{f}) \mathrm{d}S$$

$$= \oiint\limits_S \vec{c} \cdot (\mathrm{d}\vec{S} \times \vec{f})$$

因为 $\vec{c}$ 为任意常矢量，则

$$\iiint\limits_V (\mathbf{\nabla} \times \vec{f}) \mathrm{d}V = \oiint\limits_S \mathrm{d}\vec{S} \times \vec{f}$$

**20.** 应用斯托克斯定理证明：$\iint\limits_S \mathrm{d}\vec{S} \times \mathbf{\nabla} \varphi = \oint\limits_L \mathrm{d}\vec{l} \varphi$。

**证** 设 $\vec{c}$ 为任意常矢量，令 $\vec{F} = \varphi \vec{c}$，代入斯托克斯定理

$$\iint\limits_S \mathbf{\nabla} \times \vec{F} \cdot \mathrm{d}\vec{S} = \oint\limits_L \vec{F} \cdot \mathrm{d}\vec{l}$$

上式左边

$$\iint\limits_S \mathbf{\nabla} \times (\varphi \vec{c}) \cdot \mathrm{d}\vec{S} = \iint\limits_S \mathbf{\nabla} \varphi \times \vec{c} \cdot \mathrm{d}\vec{S} = -\iint\limits_S \vec{c} \times \mathbf{\nabla} \varphi \cdot \mathrm{d}\vec{S}$$

$$= -\iint\limits_S \vec{c} \cdot \mathbf{\nabla} \varphi \times \mathrm{d}\vec{S} = \iint\limits_S \vec{c} \cdot \mathrm{d}\vec{S} \times \mathbf{\nabla} \varphi$$

$$= \vec{c} \cdot \iint\limits_S \mathrm{d}\vec{S} \times \mathbf{\nabla} \varphi$$

上面用到

$$\vec{a} \cdot (\vec{b} \times \vec{c}) = \vec{b} \cdot (\vec{c} \times \vec{a})$$

右边

$$\oint\limits_L \vec{F} \cdot \mathrm{d}\vec{l} = \oint\limits_L \varphi \vec{c} \cdot \mathrm{d}\vec{l} = \vec{c} \cdot \oint\limits_L \varphi \mathrm{d}\vec{l}$$

则得

$$\vec{c} \cdot \iint\limits_S \mathrm{d}\vec{S} \times \mathbf{\nabla} \varphi = \vec{c} \cdot \oint\limits_L \varphi \mathrm{d}\vec{l}$$

因为 $\vec{c}$ 是任意的，所以

$$\iint\limits_S \mathrm{d}\vec{S} \times \mathbf{\nabla} \varphi = \oint\limits_L \mathrm{d}\vec{l} \varphi$$

**21.** 应用高斯积分公式证明：$\oiint\limits_S \varphi \mathbf{\nabla} \psi \cdot \mathrm{d}\vec{S} = \iiint\limits_V [\mathbf{\nabla} \varphi \cdot \mathbf{\nabla} \psi + \varphi \mathbf{\nabla}^2 \psi] \mathrm{d}V$。

**证** 根据矢量场的散度定理

$$\iiint\limits_V \mathbf{\nabla} \cdot \vec{F} \mathrm{d}V = \oiint\limits_S \vec{F} \cdot \hat{n} \mathrm{d}S$$

令 $\vec{F} = \phi \boldsymbol{\nabla} \psi$，$\phi$ 和 $\psi$ 为空间区域中两个任意的标量函数，则

$$\iiint_V \boldsymbol{\nabla} \cdot (\varphi \boldsymbol{\nabla} \psi) \mathrm{d}V = \oiint_S \varphi \boldsymbol{\nabla} \psi \cdot \mathrm{d}\vec{S}$$

上式左边

$$\iiint_V \boldsymbol{\nabla} \cdot (\varphi \boldsymbol{\nabla} \psi) \mathrm{d}V = \iiint_V [\varphi \boldsymbol{\nabla}^2 \psi + \boldsymbol{\nabla} \varphi \boldsymbol{\nabla} \psi] \mathrm{d}V$$

所以

$$\oiint_S \varphi \boldsymbol{\nabla} \psi \cdot \mathrm{d}\vec{S} = \iiint_V [\boldsymbol{\nabla} \varphi \boldsymbol{\nabla} \psi + \varphi \boldsymbol{\nabla}^2 \psi] \mathrm{d}V$$

**22.** 求出任意正交曲线坐标系中 $\boldsymbol{\nabla} \cdot \vec{F}(q_1, q_2, q_3)$、$\boldsymbol{\nabla}[\boldsymbol{\nabla} \cdot \vec{F}(q_1, q_2, q_3)]$ 和 $\boldsymbol{\nabla}^2 \vec{F}(q_1, q_2, q_3)$ 的表达式。

**解** 函数 $\vec{F}$ 在点 $M$ 的散度可从它的定义推出

$$\boldsymbol{\nabla} \cdot \vec{F} = \lim_{\Delta V \to 0} \frac{\oiint_S \vec{F} \cdot \mathrm{d}\vec{S}}{\Delta V}$$

考虑 $q_2 = c$ 的两个端面，左端面位于 $q_2$，右端面位于 $q_2 + \mathrm{d}q_2$，取曲面外法向为正，两个端面对向外的通量的净贡献为

$$[\vec{F} \cdot \hat{e}_{q_2} h_1 h_3 \mathrm{d}q_1 \mathrm{d}q_3]\big|_{q_2} + [\vec{F} \cdot \hat{e}_{q_2} h_1 h_3 \mathrm{d}q_1 \mathrm{d}q_3]\big|_{q_2 + \mathrm{d}q_2}$$

$$\approx \frac{\partial}{\partial q_2}(\vec{F} \cdot \hat{e}_{q_2} h_1 h_3 \mathrm{d}q_1 \mathrm{d}q_2 \mathrm{d}q_3)$$

$$= \frac{\partial}{\partial q_2}(F_{q_2} h_1 h_3) \mathrm{d}q_1 \mathrm{d}q_2 \mathrm{d}q_3$$

同理其余两对面分别为

$$\frac{\partial}{\partial q_1}(F_{q_1} h_2 h_3) \mathrm{d}q_1 \mathrm{d}q_2 \mathrm{d}q_3$$

$$\frac{\partial}{\partial q_3}(F_{q_3} h_1 h_2) \mathrm{d}q_1 \mathrm{d}q_2 \mathrm{d}q_3$$

即

$$\oiint_S \vec{F} \cdot \mathrm{d}\vec{S} = \left[\frac{\partial}{\partial q_1}(F_{q_1} h_2 h_3) + \frac{\partial}{\partial q_2}(F_{q_2} h_1 h_3) + \frac{\partial}{\partial q_3}(F_{q_3} h_1 h_2)\right] \mathrm{d}q_1 \mathrm{d}q_2 \mathrm{d}q_3$$

上式除以 $\Delta V = \mathrm{d}V = g \mathrm{d}q_1 \mathrm{d}q_2 \mathrm{d}q_3$，其中 $g = h_1 h_2 h_3$，并取极限 $\mathrm{d}q_1 \to 0$，$\mathrm{d}q_2 \to 0$，$\mathrm{d}q_3 \to 0$。

矢量 $\vec{F}$ 的散度为

$$\boldsymbol{\nabla} \cdot \vec{F} = \frac{1}{g} \sum_{ijk} \frac{\partial}{\partial q_i}(F_{q_i} h_j h_k)$$

设 $f = \boldsymbol{\nabla} \cdot \vec{F}$，有

$$\boldsymbol{\nabla}(\boldsymbol{\nabla} \cdot \vec{F}) = \hat{e}_{q_1}\left(\frac{1}{h_1} \frac{\partial f}{\partial q_1}\right) + \hat{e}_{q_2}\left(\frac{1}{h_2} \frac{\partial f}{\partial q_2}\right) + \hat{e}_{q_3}\left(\frac{1}{h_3} \frac{\partial f}{\partial q_3}\right) = \sum_{i=1}^{3} \frac{1}{h_i} \frac{\partial f}{\partial q_i} \hat{e}_{q_i}$$

$\boldsymbol{\nabla}^2 \vec{F}$ 是求矢量的拉普拉斯算式，即对 $\vec{F}$ 矢量的各个坐标变量分别求拉普拉斯算式

$$\boldsymbol{\nabla}^2 \vec{F} = \boldsymbol{\nabla}^2 F_{q_1} \hat{e}_{q_1} + \boldsymbol{\nabla}^2 F_{q_2} \hat{e}_{q_1} + \boldsymbol{\nabla}^2 F_{q_3} \hat{e}_{q_1}$$

$$\boldsymbol{\nabla}^2 F_{q_i} = \frac{1}{h_1 h_2 h_3} \sum_{i=1}^{3} \frac{\partial}{\partial q_i} \left[ \frac{h_1 h_2 h_3}{h_i} \frac{\partial F_{q_i}}{h_i \partial q_i} \right], \quad i = 1, 2, 3$$

**23.** 已知 $\vec{A} = 2\hat{e}_x - 6\hat{e}_y - 3\hat{e}_z$，$\vec{B} = 4\hat{e}_x + 3\hat{e}_y - \hat{e}_z$，求：确定垂直于 $\vec{A}$、$\vec{B}$ 所在平面的单位矢量。

**解** 已知 $\vec{A} \times \vec{B}$ 的矢量垂直于 $\vec{A}$、$\vec{B}$ 所在平面。

所以
$$\hat{e}_n = \pm \frac{\vec{A} \times \vec{B}}{|\vec{A} \times \vec{B}|}$$

$$\vec{A} \times \vec{B} = \begin{vmatrix} \hat{e}_x & \hat{e}_y & \hat{e}_z \\ 2 & -6 & -3 \\ 4 & 3 & -1 \end{vmatrix} = 15\hat{e}_x - 10\hat{e}_y + 30\hat{e}_z$$

$$|\vec{A} \times \vec{B}| = \sqrt{15^2 + (-10)^2 + 30^2} = 35$$

所以
$$\hat{e}_n = \pm \frac{1}{7}(3\hat{e}_x - 2\hat{e}_y + 6\hat{e}_z)$$

**24.** 已知点 $A$ 和 $B$ 相对于原点的位置矢量为 $\vec{a}$ 和 $\vec{b}$，求：通过点 $A$ 和 $B$ 的直线上任意一点的位置矢量方程。

**解** 如图 1-1 所示，在通过点 $A$ 和 $B$ 的直线上，任取一点 $C$，对于原点的位置矢量为 $\vec{c} - \vec{a} = k(\vec{b} - \vec{a})$，则 $\vec{c} = (1-k)\vec{a} + k\vec{b}$，其中 $k$ 为任意实数。

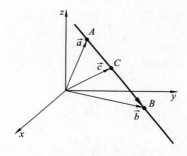

**图 1-1 第 24 题题图**

**25.** 已知标量场的 $\phi(x, y, z) = x^2 y + y^2 z + 1$，求 $(2, 1, 3)$ 处方向导数的最大值和最小值。

**解** 根据梯度的定义式，求得该标量场 $\phi$ 的梯度 $\boldsymbol{\nabla}\phi$ 为 $\boldsymbol{\nabla}\phi = 2xy\hat{e}_x + (x^2 + 2yz)\hat{e}_y + y^2\hat{e}_z$，那么在 $(2, 1, 3)$ 处的梯度为 $\boldsymbol{\nabla}\phi = 4\hat{e}_x + 10\hat{e}_y + \hat{e}_z$，其模为 $|\boldsymbol{\nabla}\phi| = \sqrt{117}$，因此，在 $(2, 1, 3)$ 处的方向导数的最大值为 $\sqrt{117}$，而最小值为 $-\sqrt{117}$。

**26.** 求标量函数 $f(x, y) = -[\cos(2x) + \cos(2y)]^2$ 的梯度。

**解** $\boldsymbol{\nabla}f = \frac{\partial f}{\partial x}\hat{e}_x + \frac{\partial f}{\partial y}\hat{e}_y = 4[\cos(2x) + \cos(2y)][\hat{e}_x \sin(2x) + \hat{e}_y \sin(2y)]$

**27.** 写出任意正交曲线坐标系里面的拉普拉斯算符的一般表达式。

**解** 任意正交曲线坐标系里面的梯度表达式为

$$\boldsymbol{\nabla}\phi = \sum_{i=1}^{3} \hat{e}_{q_i} \frac{\partial \phi}{h_i \partial q_i}$$

任意正交曲线坐标系里面的散度一般表达式为

$$\mathbf{\nabla} \cdot \vec{F} = \frac{1}{h_1 \, h_2 \, h_3} \sum_{i=1}^{3} \frac{\partial}{\partial q_i} \left[ \frac{h_1 \, h_2 \, h_3}{h_i} F_i \right]$$

所以,任意正交曲线坐标系里面的拉普拉斯算符的一般表达式为

$$\mathbf{\nabla}^2 \phi = \frac{1}{h_1 \, h_2 \, h_3} \sum_{i=1}^{3} \frac{\partial}{\partial q_i} \left[ \frac{h_1 \, h_2 \, h_3}{h_i} \frac{\partial \phi}{\partial q_i} \right]$$

**28.** 写出圆柱坐标系和球坐标系的拉普拉斯表达式。

**解** 圆柱坐标系的拉普拉斯表达式为

$$\mathbf{\nabla}^2 \varphi = \frac{1}{\phi} \frac{\partial}{\partial \phi} \left( \phi \frac{\partial \varphi}{\partial \phi} \right) + \frac{1}{\phi^2} \frac{\partial^2 \phi}{\partial \theta^2} + \frac{\partial^2 \varphi}{\partial z^2} = 0$$

球坐标系的拉普拉斯表达式为

$$\mathbf{\nabla}^2 \varphi = \frac{1}{r^2} \frac{\partial}{\partial r} \left( r^2 \frac{\partial \varphi}{\partial r} \right) + \frac{1}{r^2 \sin\theta} \frac{\partial}{\partial \theta} \left( \sin\theta \frac{\partial \varphi}{\partial \theta} \right) + \frac{1}{r^2 \, \sin^2\theta} \frac{\partial^2 \varphi}{\partial \phi^2} = 0$$

**29.** 给定两矢量 $\vec{A} = \hat{e}_x 2 + \hat{e}_y 3 - \hat{e}_z 4$ 和 $\vec{B} = -\hat{e}_x 6 - \hat{e}_y 4 + \hat{e}_z$,求 $\vec{A} \times \vec{B}$ 在 $\vec{C} = \hat{e}_x - \hat{e}_y + \hat{e}_z$ 上的分量。

**解**
$$\vec{A} \times \vec{B} = \begin{vmatrix} e_x & e_y & e_z \\ 2 & 3 & -4 \\ -6 & -4 & 1 \end{vmatrix} = -\hat{e}_x 13 + \hat{e}_y 22 + \hat{e}_z 10$$

所以,$\vec{A} \times \vec{B}$ 在 $\vec{C}$ 上的分量为前者和后者单位矢量的点乘,即

$$(\vec{A} \times \vec{B}) \cdot \vec{C} = (-\hat{e}_x 13 + \hat{e}_y 22 + \hat{e}_z 10) \cdot (\hat{e}_x - \hat{e}_y + \hat{e}_z) = -25$$

$$|\vec{C}| = \sqrt{1^2 + (-1)^2 + 1^2} = \sqrt{3}$$

$\vec{A} \times \vec{B}$ 在 $\vec{C}$ 上的分量为

$$\frac{(\vec{A} \times \vec{B}) \cdot \vec{C}}{|\vec{C}|} = -\frac{25}{\sqrt{3}}$$

**30.** 在球坐标系中,两个点 $(r_1, \theta_1, \varphi_1)$ 和 $(r_2, \theta_2, \varphi_2)$ 对应的位置矢量分别为 $\vec{R}_1$ 和 $\vec{R}_2$。请证明 $\vec{R}_1$ 和 $\vec{R}_2$ 之间的夹角的余弦函数可表示为

$$\cos\gamma = \cos\theta_1 \cos\theta_2 + \sin\theta_1 \sin\theta_2 \cos(\varphi_1 - \varphi_2)$$

**证** 由

$$\vec{R}_1 = \hat{e}_x r_1 \sin\theta_1 \cos\varphi_1 + \hat{e}_y r_1 \sin\theta_1 \sin\varphi_1 + \hat{e}_z r_1 \cos\theta_1$$
$$\vec{R}_2 = \hat{e}_x r_2 \sin\theta_2 \cos\varphi_2 + \hat{e}_y r_2 \sin\theta_2 \sin\varphi_2 + \hat{e}_z r_2 \cos\theta_2$$

得

$$\cos\gamma = \frac{\vec{R}_1 \cdot \vec{R}_2}{|\vec{R}_1| |\vec{R}_2|} = \sin\theta_1 \cos\varphi_1 \sin\theta_2 \cos\varphi_2 + \sin\theta_1 \sin\varphi_1 \sin\theta_2 \sin\varphi_2 + \cos\theta_1 \cos\theta_2$$

$$= \sin\theta_1 \sin\theta_2 (\cos\varphi_1 \cos\varphi_2 + \sin\varphi_1 \sin\varphi_2) + \cos\theta_1 \cos\theta_2$$

$$= \sin\theta_1 \sin\theta_2 \cos(\varphi_1 - \varphi_2) + \cos\theta_1 \cos\theta_2$$

# 2

# 电磁场的基本定律与方程

## 要点概述

本章主要总结宏观电磁场的基本实验定律和麦克斯韦方程组。具体内容包括电荷守恒定律、静电场的库仑定律、磁场的安培定律、介质的电磁特性、法拉第电磁感应定律、宏观麦克斯韦方程组，以及电磁场的边界条件。

## 2.1 电荷守恒定律

如果某一区域中的电荷增加或减少，必有等量的电荷进入或离开该区域。其微分表达式为 $\nabla \cdot \vec{J} + \dfrac{\partial \rho}{\partial t} = 0$；其积分表达式为 $-\oiint_S \vec{J} \cdot \mathrm{d}\vec{S} = \iiint_V \dfrac{\partial \rho}{\partial t} \mathrm{d}V$。满足稳恒电流的条件为 $\nabla \cdot \vec{J} = 0$。

## 2.2 静电场和库仑定律

真空中两电荷 $q_1$ 和 $q_2$ 之间作用力的大小为 $\vec{F}_{12} = \dfrac{q_1 q_2}{4\pi\varepsilon_0} \dfrac{\vec{R}_{12}}{R_{12}^3}$；真空中点 $\vec{r}'$ 处电荷 $q$ 在点 $\vec{r}$ 处激发的电场强度为

$$\vec{E}(\vec{r}) = \lim_{q_0 \to 0} \frac{\vec{F}}{q_0} = \frac{q\vec{R}}{4\pi\varepsilon_0 R^3}$$

其中，$\vec{R} = \vec{r} - \vec{r}'$。

真空中静电场的性质如下：

$$\nabla \cdot \vec{E}(\vec{r}) = \frac{\rho(\vec{r})}{\varepsilon_0}$$

$$\nabla \times \vec{E}(\vec{r}) = 0$$

静电场可以引入标量电势函数来描述：

$$\vec{E}(\vec{r}) = -\mathbf{\nabla}\phi(\vec{r})$$

## 2.3 静磁场和安培定律

真空中两载流线圈之间存在力的相互作用，线圈 $l_1$ 对 $l_2$ 的作用力为

$$\vec{F}_{12} = \frac{\mu_0}{4\pi}\oiint_{l_1 l_2} \frac{I_2 \mathrm{d}\vec{l}_2 \times (I_1 \mathrm{d}\vec{l}_1 \times \vec{R}_{12})}{R_{12}^3}$$

任意载流线圈 $l$ 在其所处真空中激发的磁感应强度为

$$\vec{B}(\vec{r}) = \frac{\mu_0}{4\pi}\oint_l \frac{I\mathrm{d}\vec{l} \times \vec{R}}{R^3}$$

真空中静磁场的性质如下：

$$\mathbf{\nabla} \cdot \vec{B}(\vec{r}) = 0$$

$$\mathbf{\nabla} \times \vec{B}(\vec{r}) = \mu_0 \vec{J}(\vec{r})$$

静磁场可以引入矢量势函数来描述：

$$\mathbf{\nabla} \cdot \vec{B}(\vec{r}) = \mathbf{\nabla} \cdot \mathbf{\nabla} \times \vec{A}(\vec{r}) = 0$$

$$\vec{B}(\vec{r}) = \mathbf{\nabla} \times \vec{A}(\vec{r})$$

## 2.4 电磁感应定律

其积分和微分表达式分别为

$$\oint_l \vec{E} \cdot \mathrm{d}\vec{l} = -\frac{\partial}{\partial t}\iint_S \vec{B} \cdot \mathrm{d}\vec{S}$$

$$\mathbf{\nabla} \times \vec{E}(\vec{r}) = -\frac{\partial \vec{B}}{\partial t}$$

## 2.5 介质的电磁特性

介质的极化、磁化与外加电磁场的关系如下：

$$\vec{D} = \varepsilon\vec{E} = \varepsilon_0\vec{E} + \vec{P}$$

$$\vec{B} = \mu\vec{H} = \mu_0(\vec{H} + \vec{M})$$

导体的欧姆定律：

$$\vec{J} = \sigma\vec{E}$$

## 2.6 介质中的麦克斯韦方程组

微分方程组：

$$\begin{cases} \mathbf{\nabla} \cdot \vec{D}(\vec{r},t) = \rho(\vec{r},t) \\ \mathbf{\nabla} \cdot \vec{B}(\vec{r},t) = 0 \\ \mathbf{\nabla} \times \vec{E}(\vec{r},t) = -\dfrac{\partial \vec{B}(\vec{r},t)}{\partial t} \\ \mathbf{\nabla} \times \vec{H}(\vec{r},t) = \vec{J}(\vec{r},t) + \dfrac{\partial \vec{D}(\vec{r},t)}{\partial t} \end{cases}$$

积分方程组:

$$\begin{cases} \oiint_S \vec{D}(\vec{r},t) \cdot \mathrm{d}\vec{S} = \iiint_V \rho(\vec{r},t)\mathrm{d}V \\ \oiint_S \vec{B}(\vec{r},t) \cdot \mathrm{d}\vec{S} = 0 \\ \oint_l \vec{E}(\vec{r},t) \cdot \mathrm{d}\vec{l} = -\dfrac{\mathrm{d}}{\mathrm{d}t}\iint_S \vec{B}(\vec{r},t) \cdot \mathrm{d}\vec{S} \\ \oint_l \vec{H}(\vec{r},t) \cdot \mathrm{d}\vec{l} = \iint_S \left(\vec{J}(\vec{r},t) + \dfrac{\partial \vec{D}}{\partial t}\right) \cdot \mathrm{d}\vec{S} \end{cases}$$

麦克斯韦假设引入了位移电流 $\vec{J}_D$,并认为变化的电场与传导电流同样可以产生磁场,从而推广了安培环路定理,位移电流的方程组为

$$\vec{J}_D = \frac{\partial \vec{D}}{\partial t} = \begin{cases} \varepsilon_0 \dfrac{\partial \vec{E}}{\partial t}, & \text{真空中的位移电流} \\ \varepsilon_0 \dfrac{\partial \vec{E}}{\partial t} + \dfrac{\partial \vec{P}}{\partial t}, & \text{介质中的位移电流} \end{cases}$$

## 2.7 电磁场的边界条件

介质分界面两侧介质电磁特性参数不同,导致电磁场量在界面两侧可能出现跃变,一般表达式为

$$\begin{cases} \hat{n} \cdot (\vec{D}_2 - \vec{D}_1) = \rho_S \\ \hat{n} \cdot (\vec{B}_2 - \vec{B}_1) = 0 \\ \hat{n} \times (\vec{E}_2 - \vec{E}_1) = 0 \\ \hat{n} \times (\vec{H}_2 - \vec{H}_1) = \vec{J}_S \end{cases}$$

当介质 1 和介质 2 都为理想介质时,边界条件为

$$\begin{cases} \hat{n} \cdot (\vec{D}_2 - \vec{D}_1) = 0 \\ \hat{n} \cdot (\vec{B}_2 - \vec{B}_1) = 0 \\ \hat{n} \times (\vec{E}_2 - \vec{E}_1) = 0 \\ \hat{n} \times (\vec{H}_2 - \vec{H}_1) = 0 \end{cases}$$

当介质 1 为理想导体,介质 2 为理想介质时,边界条件为

$$\begin{cases} \hat{n} \cdot \vec{D}_2 = \rho_S \\ \hat{n} \cdot \vec{B}_2 = 0 \\ \hat{n} \times \vec{E}_2 = 0 \\ \hat{n} \times \vec{H}_2 = \vec{J}_S \end{cases}$$

## 基本要求

理解电荷守恒定律的物理意义,掌握电场、磁场的基本概念和计算公式,能利用库仑定律和毕奥-萨伐尔定律计算一些简单电荷和电流源产生的静态电磁场。掌握电磁场的基本特性,了解介质的极化、磁化现象,理解极化电荷、极化电流、磁化电流的含义。掌握电磁感应定律和位移电流的概念,熟练掌握麦克斯韦方程组及其实验定律和物理意义,明晰电磁场的边界条件。

## 思考与练习题2

**1.** 简述麦克斯韦方程组中各式物理意义及其对应的实验定律。

**解** 电场的高斯定理:

$$\mathbf{\nabla} \cdot \vec{D}(\vec{r},t) = \rho(\vec{r},t), \quad \oiint_S \vec{D} \cdot \mathrm{d}\vec{S} = \iiint_V \rho \mathrm{d}V$$

该定理描述电荷与周围总电场之间的关系,即电荷是电场的通量源。

磁场的高斯定理:

$$\mathbf{\nabla} \cdot \vec{B}(\vec{r},t) = 0, \quad \oiint_S \vec{B}(\vec{r},t) \cdot \mathrm{d}\vec{S} = 0$$

该定理说明磁场是无源场,磁力线是闭合的,目前自然界没有磁荷存在。

电磁感应定律:

$$\mathbf{\nabla} \times \vec{E}(\vec{r},t) = -\frac{\partial \vec{B}(\vec{r},t)}{\partial t}, \quad \oint_l \vec{E} \cdot \mathrm{d}\vec{l} = -\frac{\mathrm{d}}{\mathrm{d}t}\iint_S \vec{B} \cdot \mathrm{d}\vec{S}$$

该定律说明总的电场和磁场的联系,变化的磁场产生感应电场。

推广的毕奥-萨伐尔定律:

$$\mathbf{\nabla} \times \vec{H}(\vec{r},t) = \vec{J}(\vec{r},t) + \frac{\partial \vec{D}(\vec{r},t)}{\partial t}, \quad \oint_l \vec{H} \cdot \mathrm{d}\vec{l} = \iint_S \left(\vec{J} + \frac{\partial \vec{D}}{\partial t}\right) \cdot \mathrm{d}\vec{S}$$

该定律说明磁场与电流以及变化电场的联系,变化的电场也能激发磁场。

**2.** 麦克斯韦在建立电磁场运动规律的方程组时做了哪些假设和推广?

**解** (1)麦克斯韦认为静态电场的高斯定理对时变电磁场也成立。因此静态电场的高斯定理可以直接推广到一般(包括时变在内)情形。尽管方程式中的电场包含了电荷和变化磁场激发的电场,但变化磁场所激发的电场为旋涡场,其散度或闭合曲面通量为零;对散度或闭合曲面通量有贡献的仅为电荷,即静态电场的高斯定理。

(2)麦克斯韦认为恒定电流磁场的高斯定理可以直接推广到一般(包括时变在内)

状态,但方程中的磁感应强度包括了运动电荷和变化电场在其周围空间所激发出的磁场。

（3）麦克斯韦认为变化的磁场产生的感应(旋涡)电场,不仅存在于导体构成的环路,而且也存在于任何物质空间的任意点,是电磁场相互作用、联系的一个普遍规律。他对法拉第电磁感应定律中场量的内涵进行了推广,即电场为电荷和变化磁场所激发的电场之和,磁场为运动电荷和变化电场所激发的磁场之和。

（4）麦克斯韦发现恒定电流磁场的安培环路定理不能应用于时变磁场问题,否则将导致电荷守恒定律与安培环路定理出现矛盾。这是因为:普遍意义下的时变电磁场问题,空间区域上的电荷密度可以随时间和空间而变化。一方面,电荷对时间微分并一定为零,根据电荷守恒定律 $\nabla \cdot \vec{J} \neq 0$。另一方面,将矢量场的亥姆霍兹定理应用于安培环路定理,得到 $\nabla \cdot (\nabla \times \vec{H}) = \nabla \cdot \vec{J} = 0$。前者要求电流密度矢量的散度不为零,而后者要求电流密度矢量的散度恒为零,从而得到

$$\nabla \cdot \vec{J} = \begin{cases} -\dfrac{\partial \rho}{\partial t} \neq 0 \\[2mm] \nabla \cdot (\nabla \times \vec{H}) \equiv 0 \end{cases}$$

二者相互矛盾的结果。

麦克斯韦对恒定电流情况下的毕奥-萨伐尔定律进行了修正,他认为该定律中的电流密度应该由两部分组成:一部分为电荷定向运动形成的传导电流密度 $\vec{J}$,另一部分为他假想的位移电流 $\vec{J}_D$,推广后的总电流密度满足

$$\begin{cases} \vec{J}_{\text{总}} = \vec{J} + \vec{J}_D \\[2mm] \nabla \cdot \vec{J}_{\text{总}} = \nabla \cdot (\vec{J} + \vec{J}_D) = 0 \end{cases}$$

这样既保证了电荷守恒定律成立,又化解了安培环路定理面临的问题。

**3.** 从麦克斯韦方程组出发,分析时变电磁场运动的基本特点。

**解** 从麦克斯韦方程组的两个旋度方程可知:变化的磁场激发旋涡电场,变化的电场同样可以激发旋涡磁场。电场与磁场之间的相互激发可以脱离电荷和电流而发生。电场与磁场的相互联系、相互激发,时间上周而复始,空间上交链重复,这一过程预示着波动是电磁场的基本运动形态。

**4.** 如何理解并解释磁场的无散特性,以及电场的有散特性?

**解** （1）对于磁场的无散特性,具体解答如下。

真空中磁感应强度的表达式为

$$\vec{B}(\vec{r}) = \frac{\mu}{4\pi} \iiint_V \nabla\left(\frac{1}{R}\right) \times \vec{J}(\vec{r}\,') \mathrm{d}V' = \nabla \times \frac{\mu}{4\pi} \iiint_V \frac{\vec{J}(\vec{r}\,')}{R} \mathrm{d}V'$$

引入辅助矢量函数 $\vec{A}$,记为

$$\vec{A}(\vec{r}) = \frac{\mu}{4\pi} \iiint_V \frac{\vec{J}(\vec{r}\,')}{R} \mathrm{d}V'$$

则磁感应强度可以表示为辅助函数 $\vec{A}(\vec{r})$ 的旋度,即

$$\vec{B}(\vec{r}) = \nabla \times \vec{A}(\vec{r})$$

考虑到矢量场的旋度恒为零,得到

$$\mathbf{\nabla} \cdot \vec{B}(\vec{r}) = \mathbf{\nabla} \cdot \mathbf{\nabla} \times \vec{A}(\vec{r}) = 0$$

说明恒定磁场是无散矢量场。磁力线是闭合的,没有起点也没有终点。因此,自然界不存在磁荷。

(2) 电场的有散特性,具体解答如下。

对密度为 $\rho(\vec{r})$ 的体电荷激发的电场求散度,即

$$\mathbf{\nabla} \cdot \vec{E}(\vec{r}) = \frac{1}{4\pi\varepsilon} \iiint_V \mathbf{\nabla} \cdot \left( \frac{\vec{R}}{R^3} \right) \rho(\vec{r}') \mathrm{d}V' = \frac{-1}{4\pi\varepsilon} \iiint_V \mathbf{\nabla}^2 \left( \frac{1}{R} \right) \rho(\vec{r}') \mathrm{d}V'$$

对上式引用关系式 $\mathbf{\nabla}^2 \left( \frac{1}{R} \right) = -4\pi\delta(\vec{r}-\vec{r}')$,得到静电场的散度为

$$\mathbf{\nabla} \cdot \vec{E}(\vec{r}) = \frac{\rho(\vec{r})}{\varepsilon}$$

这表明静电场是有散矢量场,电荷是静电场的通量源。

5. 简述全电流的物理概念,导出全电流连续原理的数学表达式。

**解** 一般情况下,通过空间某截面的电流应包括传导电流与位移电流,其和称为全电流。

由电荷守恒定律,有

$$\mathbf{\nabla} \cdot \vec{J}_{传导} = -\frac{\partial \rho}{\partial t}$$

位移电流为

$$\vec{J}_D = \varepsilon_0 \frac{\partial \vec{E}}{\partial t}$$

由电场的高斯定理,有

$$\mathbf{\nabla} \cdot \vec{E} = \frac{\rho}{\varepsilon_0}$$

得

$$\mathbf{\nabla} \cdot \vec{J}_D = \mathbf{\nabla} \cdot \left( \varepsilon_0 \frac{\partial \vec{E}}{\partial t} \right) = \varepsilon_0 \frac{\partial \mathbf{\nabla} \cdot \vec{E}}{\partial t} \varepsilon_0 \frac{\partial \frac{\rho}{\varepsilon_0}}{\partial t} = \frac{\partial \rho}{\partial t}$$

全电流为

$$\vec{J} = \vec{J}_{传导} + \vec{J}_D$$

在两边取散度可得全电流连续性原理,即

$$\mathbf{\nabla} \cdot \vec{J} = \mathbf{\nabla} \cdot (\vec{J}_{传导} + \vec{J}_D) = \mathbf{\nabla} \cdot \vec{J}_{传导} + \mathbf{\nabla} \cdot \vec{J}_D = -\frac{\partial \rho}{\partial t} + \frac{\partial \rho}{\partial t} = 0$$

6. 说明位移电流的物理意义,比较传导电流和位移电流之间的异同点。

**解** 位移电流的物理意义是电场的时间变化率。

位移电流与传导电流二者相比,二者的共同点在于都可以在空间激发旋涡磁场,但二者的物理本质是不同的,具体如下:

(1) 位移电流的本质是随时间变化的电场,而传导电流是自由电荷的定向运动形

成的；

（2）传导电流在导体中会产生焦耳热，而位移电流不会产生焦耳热；

（3）位移电流，即变化着的电场，可以存在于任何介质（如真空、导体、电介质）中，而传导电流只存在于导体中。

**7.** 简述传导电流、极化电流、磁化电流产生的物理原因，分析其异同点。

**解** 传导电流：介质中可自由移动的带电粒子，在外场力作用下，导致带电粒子的定向运动，形成电流。传导电流能将电能转换成热能，只存在于导体中。

极化电流：当介质被极化时，原本呈电中性的粒子的正负电荷被拉开，在拉开过程中正、负电荷产生位移，产生电流，如果分子极化变化剧烈，极化能量转化成无规则的热运动能量，也可产生热效应。

磁化电流：在外部磁场的作用下，介质内部的小电流环宏观定向排列。如果介质为同类分子或原子均匀组成，这些电流环的电流大小相等，在相邻环的交界线上因电流的方向相反、大小相等，介质内部不出现剩余的电流。如果介质为不同类型分子或原子的非均匀组成，这些电流环的电流大小不一定相等，在相邻环的交界线上尽管电流的方向相反，但大小不一定相等，将出现剩余的电流，称为磁化电流。

**8.** 何谓介质的线性与非线性、均匀与非均匀、各向同性与各向异性？

**解** （1）介质的线性和非线性。

介质极化、磁化和传导与外加电磁场强度有关，或表述为极化、磁化和传导是外加电磁场的函数。如果这种关系是线性的，则称为线性介质。最简单的线性介质的本构方程为

$$\begin{cases} \vec{D} = \varepsilon \vec{E} \\ \vec{B} = \mu \vec{H} \\ \vec{J} = \sigma \vec{E} \end{cases}$$

式中：$\varepsilon = \varepsilon_0(1+\chi_e)$；$\mu = \mu_0(1+\chi_m)$；$\sigma$ 均为与外加电磁场无关的常数。反之，如果 $\chi_e$、$\chi_m$、$\sigma$ 与外加电磁场有关，则称为非线性介质。

（2）介质的均匀和非均匀。

如果介质的极化、磁化和传导特性在空间分布上是均匀的，则称为均匀介质，反之称为非均匀介质。所谓空间均匀，即介质的电磁特性参数与空间位置无关，其任意点处的电磁特性参数为常数。

（3）介质的各向同性与各向异性。

介质的电磁特性参数与外加电磁场的方向无关，故称这类介质为各向同性介质。凡电磁特性与外加电磁场方向有关介质被称为各向异性介质。

**9.** 何谓电磁场边界条件，如何得到电磁场的边界条件？

**解** 电磁场的边界条件，既可以理解为不同介质的交界面两侧电磁场服从的条件，也可以理解为不同介质的交界面两侧电磁场满足的方程或规律。边界条件是界面两侧相邻点在无限趋近时所要满足的约束条件。完整的表示需要导出界面两侧相邻点电磁场矢量所要满足的约束关系。这一关系可以通过曲面在该点的切向和法向分量满足的

约束关系给出。不管界面曲率半径大小如何,只要该点的切平面已知,利用麦克斯韦方程组的积分形式,就可以得到该点两侧场的切向和法向分量所要满足的条件。

**10.** 如何理解理想导体,电磁场在导体的边界上满足什么条件?

**解** 理想导体是电导率和磁导率均为无穷大的介质。理想导体内部不存在电磁场,即所有场量为零。设 $\hat{n}$ 是导体表面的外法向矢量,$\vec{E}$、$\vec{H}$、$\vec{D}$、$\vec{B}$ 表示理想导体外部附近的电磁场,那么理想导体表面的边界条件为

$$\begin{cases} \hat{n} \cdot \vec{D} = \rho_s \\ \hat{n} \cdot \vec{B} = 0 \\ \hat{n} \times \vec{E} = 0 \\ \hat{n} \times \vec{H} = \vec{J}_s \end{cases}$$

**11.** 静电场和恒定电流磁场有无能量,如何建立其能量计算模型?

**解** 静电场和恒定电流磁场具有能量。静电场对带电粒子有作用力,如果带电粒子在场中移动,电场对带电粒子做功,这说明静电场具有能量。根据能量守恒原理,静电场的能量可以理解为场在建立过程中外力对其所做的功,该功等于电荷体系在建立过程中,外力克服电场力做功的总和。

磁场对电流元(或磁铁)的作用力称为磁场力。载流线圈在磁场力的作用下产生运动,说明磁场具有能量。恒定电流磁场为静态磁场,根据能量守恒原理,静态磁场的能量同样可以理解为磁场在建立过程中外界对电流体系所做的功。

**12.** 证明:良导体内电荷密度为零,电场为零,外加电荷只分布于表面。

**解** 将良导体放在电场强度为 $E$ 的外电场中,导体内的自由电子在电场力的作用下向电场的反方向做定向移动。这样,导体的正负电荷分离,形成与外电场相反方向的另一电场,即极化电场,这就是静电感应现象。根据场强叠加原理,导体内电荷重新分布产生的极化电场与外电场相互抵消,使得导体内部总电场为零。

在导体内取任意高斯面 $S$,静电平衡时,导体内,有

$$\vec{E} = 0$$

由高斯定理可知

$$\oint_S \vec{E} \cdot \mathrm{d}\vec{S} = \frac{\sum\limits_{S_内} q_i}{\varepsilon_0} = 0$$

可得

$$\frac{\sum\limits_{S_内} q_i}{\varepsilon_0} = 0$$

所以在静电平衡时,导体内没有净电荷,即电荷密度为零,电荷只分布于表面。

**13.** 证明:无穷长均匀带电圆柱壳内任意点的电场为零。

**证** 圆柱壳内任意点的电场为壳面电荷产生电场的叠加,因此在壳内任选一点 $P$,假设 $P$ 到圆柱轴的距离为 $r$,以 $r$ 为半径高为 $L$ 作圆柱高斯面 $S$。由于圆柱壳无穷长,壳表面电荷呈轴对称,因此高斯侧面上任意点的电场大小相等,方向均为高斯圆柱侧面

的法向方向,则通过高斯面的电场通量为

$$\oint_{S} \vec{E} \cdot d\vec{S} = E 2\pi r L$$

根据高斯定理,该电场通量等于圆柱壳内的总电量(0),因此点 $P$ 的电场为 0。

**14.** 求均匀线密度带电圆环外部空间任意点的电场的表达式。

**解**　设均匀带电细圆环半径为 $R$,其电荷密度为 $\lambda$,由对称性可知:其电势与电场必以 $z$ 轴对称。因此,只要求得 $xOz$ 平面内电势与电场,则整个空间的电势与电场便可知。图 2-1 中 $dl$ 线段电荷在点 $P$ 电势为

$$dU_P = \frac{1}{4\pi\varepsilon_0} \cdot \frac{\lambda dl}{r} = \frac{1}{4\pi\varepsilon_0} \cdot \frac{\lambda R d\theta}{\sqrt{x^2 + z^2 + R^2 - 2xR\cos\theta}}$$

$$= \frac{C\lambda A}{2} \cdot \frac{d\theta}{\sqrt{1 - B\cos\theta}}$$

式中:$C = \dfrac{1}{2\pi\varepsilon_0}$,$A = \dfrac{R}{\sqrt{x^2 + z^2 + R^2}}$,$B = \dfrac{2xR}{x^2 + z^2 + R^2}$。

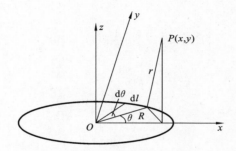

**图 2-1　第 14 题题图**

将细圆环视为点电荷的集合,由电势叠加原理,在空间点 $P$ 处的电势为

$$U_P = \frac{C\lambda A}{2} \cdot 2\int_0^\pi \frac{d\theta}{\sqrt{1 - B\cos\theta}} = C\lambda A \left( \int_0^{\frac{\pi}{2}} \frac{d\theta}{\sqrt{1 - B\cos\theta}} + \int_{\frac{\pi}{2}}^{\pi} \frac{d\theta}{\sqrt{1 - B\cos\theta}} \right)$$

$$= C\lambda A \left( \int_0^{\frac{\pi}{2}} \frac{d\theta}{\sqrt{1 - B\cos\theta}} + \int_0^{\frac{\pi}{2}} \frac{d\theta'}{\sqrt{1 + B\sin\theta'}} \right)$$

$$= C\lambda A \int_0^{\frac{\pi}{2}} \left( \frac{1}{\sqrt{1 - B\cos\theta}} + \frac{1}{\sqrt{1 + B\sin\theta}} \right) d\theta$$

式中:$\theta' = \theta - \dfrac{\pi}{2}$。

**15.** 内外半径分别为 $r_1$ 和 $r_2$ 的空心介质球,介电常数为 $\varepsilon$,介质内均匀带静止自由电荷密度为 $\rho_f$,求电场及极化体电荷和极化面电荷分布。

**解**　空间各点电场分析如下。

设场点到球心距离为 $r$。以球心为中心,将以 $r$ 为半径所作球面作为高斯面。由对称性可知,电场沿径向分布,且相同 $r$ 处场强大小相同。

当 $r<r_1$ 时，有

$$\oint \vec{E}_1 \cdot \mathrm{d}\vec{S} = 0$$

$$E_1 = 0$$

当 $r_1<r<r_2$ 时，有

$$\oint \vec{E}_2 \cdot \mathrm{d}\vec{S} = \rho_f \frac{4}{3\varepsilon}\pi(r^3 - r_1^3)$$

$$4\pi r^2 E_2 = \rho_f \frac{4}{3\varepsilon}\pi(r^3 - r_1^3)$$

所以

$$E_2 = \frac{(r^3 - r_1^3)\rho_f}{3\varepsilon r^2}$$

矢量式为

$$\vec{E}_2 = \frac{(r^3 - r_1^3)\rho_f}{3\varepsilon r^3}\vec{r}$$

当 $r>r_2$ 时，有

$$\oint \vec{E}_3 \cdot \mathrm{d}\vec{S} = \rho_f \frac{4}{3}\pi(r_2^3 - r_1^3)\frac{1}{\varepsilon_0}$$

$$4\pi r^2 E_3 = \rho_f \frac{4}{3}\pi(r_2^3 - r_1^3)\frac{1}{\varepsilon_0}$$

所以

$$E_3 = \frac{(r_2^3 - r_1^3)\rho_f}{3\varepsilon_0 r^2}$$

矢量式为

$$\vec{E}_3 = \frac{(r_2^3 - r_1^3)\rho_f}{3\varepsilon_0 r^3}\vec{r}$$

极化体电荷分布如下。

根据

$$\rho_P = -\boldsymbol{\nabla}\cdot\vec{P} = -\boldsymbol{\nabla}\cdot\left(1-\frac{\varepsilon_0}{\varepsilon}\right)\vec{D} = \left(\frac{\varepsilon_0}{\varepsilon}-1\right)\boldsymbol{\nabla}\cdot\vec{D}$$

可得

$$\rho_P = \left(\frac{\varepsilon_0}{\varepsilon}-1\right)\rho_f, \quad r_1<r<r_2$$

$$\rho_P = 0, \quad r<r_1, \quad r>r_2$$

极化面电荷分布如下。

当 $r=r_1$ 时，有

$$\sigma_p = -\hat{n}\times(\vec{P}_2 - \vec{P}_1) = -\hat{n}\times\left(\vec{D}_2 - \frac{\varepsilon_0}{\varepsilon}\vec{D}_2\right) = -\left(1-\frac{\varepsilon_0}{\varepsilon}\right)\vec{D}_2\bigg|_{r=r_1} = 0$$

当 $r=r_2$ 时，有

$$\sigma_p = \hat{n}\times\vec{P}_2 = \left(1-\frac{\varepsilon_0}{\varepsilon}\right)\vec{D}_2\bigg|_{r=r_2} = \left(1-\frac{\varepsilon_0}{\varepsilon}\right)\frac{r_2^3 - r_1^3}{3r_2^2}\rho_f$$

**16.** 已知一个电荷系统的电偶极矩定义为 $\vec{P}(t) = \int \rho(\vec{r}\,',t)\,\vec{r}\,'\mathrm{d}V'$，利用电荷守恒定律证明 $\vec{P}$ 的时间变化率为 $\dfrac{\mathrm{d}\vec{P}}{\mathrm{d}t} = \displaystyle\int_V \vec{J}\,\mathrm{d}V'$。

**证** 因为 $\vec{P}(t) = \int \rho(\vec{r},t)\,\vec{r}\,'\mathrm{d}V'$

所以

$$\frac{\mathrm{d}\vec{P}}{\mathrm{d}t} = \frac{\mathrm{d}}{\mathrm{d}t}\int_V \rho(\vec{r}\,',t)\,\vec{r}\,'\mathrm{d}V' = \int_V \frac{\mathrm{d}}{\mathrm{d}t}[\rho(\vec{r}\,',t)\,\vec{r}\,']\mathrm{d}V'$$

$$= \int_V \frac{\partial \rho(\vec{r}\,',t)}{\partial t}\vec{r}\,'\mathrm{d}V' = -\int_V (\mathbf{\nabla}\cdot\vec{J})\,\vec{r}\,'\mathrm{d}V'$$

$$= -\int_V (\mathbf{\nabla}'\cdot\vec{J})x'\mathrm{d}V'\vec{e}_x - \int_V (\mathbf{\nabla}'\cdot\vec{J})y'\mathrm{d}V'\vec{e}_y - \int_V (\mathbf{\nabla}'\cdot\vec{J})z'\mathrm{d}V'\vec{e}_z$$

$\vec{e}_x$ 分量为

$$\int_V (\mathbf{\nabla}'\cdot\vec{J})x'\mathrm{d}V' = \int_V [\mathbf{\nabla}'\cdot(x'\vec{J}) - (\mathbf{\nabla}'x')\cdot\vec{J}]\mathrm{d}V' = \oint_S (x'\vec{J})\mathrm{d}\vec{S}' - \int_V J_x\mathrm{d}V'$$

因为闭合曲面 $S$ 为电荷系统的边界，所以电流不能流出这个边界，故

$$\oint_S (x'\vec{J})\mathrm{d}\vec{S}' = 0$$

所以

$$\int_V (\mathbf{\nabla}'\cdot\vec{J})x'\mathrm{d}V' = -\int_V J_x\mathrm{d}V'$$

同理

$$\int_V (\mathbf{\nabla}'\cdot\vec{J})y'\mathrm{d}V' = -\int_V J_y\mathrm{d}V'$$

$$\int_V (\mathbf{\nabla}'\cdot\vec{J})z'\mathrm{d}V' = -\int_V J_z\mathrm{d}V'$$

因此

$$\frac{\mathrm{d}\vec{P}}{\mathrm{d}t} = \int_V J_x\mathrm{d}V'\vec{e}_x + \int_V J_y\mathrm{d}V'\vec{e}_y + \int_V J_z\mathrm{d}V'\vec{e}_z = \int_V \vec{J}\,\mathrm{d}V'$$

**17.** 内外半径分别为 $r_1$ 和 $r_2$ 的无穷长中空导体圆柱，沿轴向流有恒定均匀电流 $J_f$，导体的磁导率为 $\mu$，求磁感应强度和磁化电流。

**解** 磁感应强度求解方法如下。

以圆柱轴线上任意点为圆心，在垂直于轴线平面内作一圆形闭合回路，设其半径为 $r$。由对称性可知，磁场在垂直于轴线的平面内，且与圆周相切。

当 $r < r_1$ 时，由安培环路定理得

$$\oint_l \vec{B}_1 \cdot \mathrm{d}\vec{l} = 0$$

所以

$$\vec{B}_1 = 0, \quad \vec{H}_1 = 0$$

当 $r_1 < r < r_2$ 时,由安培环路定理得

$$\oint_l \vec{B}_2 \cdot \mathrm{d}\vec{l} = \mu J_f \pi (r^2 - r_1^2)$$

$$2\pi r B_2 = \mu J_f \pi (r^2 - r_1^2)$$

所以

$$B_2 = \frac{\mu(r^2 - r_1^2)}{2r} J_f, \quad H_2 = \frac{J_f(r^2 - r_1^2)}{2r}$$

矢量为

$$\vec{B}_2 = \frac{\mu(r^2 - r_1^2)}{2r} J_f \hat{e}_\theta = \frac{\mu(r^2 - r_1^2)}{2r^2} \vec{J}_f \times \vec{r}$$

当 $r > r_2$ 时,有

$$\oint_l \vec{B}_3 \cdot \mathrm{d}\vec{l} = \mu J_f \pi (r_2^2 - r_1^2)$$

$$2\pi r B_3 = \mu J_f \pi (r_2^2 - r_1^2)$$

所以

$$B_3 = \frac{\mu_0 (r_2^2 - r_1^2)}{2r} J_f, \quad H_3 = \frac{J_f(r_2^2 - r_1^2)}{2r}$$

矢量式为

$$\vec{B}_3 = \frac{\mu_0 (r_2^2 - r_1^2)}{2r} J_f \hat{e}_\theta = \frac{\mu_0 (r_2^2 - r_1^2)}{2r^2} \vec{J}_f \times \vec{r}$$

磁化电流求解方法如下。

由

$$\vec{\tau}_M = \nabla \times \vec{M}$$

$$\vec{M} = \left( \frac{1}{\mu_0} - \frac{1}{\mu} \right) \vec{B} = \frac{\mu - \mu_0}{\mu \mu_0} \vec{B}$$

$$\vec{M} = \vec{H}_0 - \vec{H}$$

当 $r_1 < r < r_2$ 时,有

$$\vec{J}_M = \nabla \times \vec{M} = \nabla \times \left( \frac{\mu - \mu_0}{\mu \mu_0} \vec{B}_2 \right) = \frac{\mu - \mu_0}{\mu \mu_0} \nabla \times \vec{B}_2$$

$$= \frac{\mu - \mu_0}{\mu \mu_0} \mu \vec{J}_f = \left( \frac{\mu}{\mu_0} - 1 \right) \vec{J}_f$$

当 $r < r_1$, $r > r_2$ 时,有

$$\vec{J}_M = 0$$

磁化面电流密度求解方法如下。

$$\vec{J}_{SM} = \hat{n}(\vec{M}_1 - \vec{M}_2)$$

当 $r = r_1$ 时,有

$$\vec{J}_M = \mathbf{0}$$

当 $r = r_2$ 时,有

$$\vec{J}_{SM} = -\hat{n} \times \vec{M}_1 = -\hat{n} \times \left( \frac{\mu - \mu_0}{\mu \mu_0} \right) \vec{B}_2 = -\left( \frac{\mu}{\mu_0} - 1 \right) \left( \frac{r_2^2 - r_1^2}{2r_2^2} \right) \left( \frac{\vec{r}}{r} \times \vec{J}_f \times \frac{\vec{r}}{r} \right)$$

$$=-\left(\frac{\mu}{\mu_0}-1\right)\left(\frac{r_2^2-r_1^2}{2r_2}\right)\vec{\tau}_f$$

**18.** 证明：均匀介质内极化电荷密度 $\rho_p$ 等于自由电荷密度 $\rho_f$ 的 $-(1-\varepsilon_0/\varepsilon)$ 倍。

**证**  在均匀介质中，有

$$\vec{P}=(\varepsilon/\varepsilon_0-1)\varepsilon_0\vec{E}=(\varepsilon-\varepsilon_0)\vec{E}$$

所以

$$\rho_p=-\nabla\cdot\vec{P}=-(\varepsilon-\varepsilon_0)\nabla\cdot\vec{E}=-(\varepsilon-\varepsilon_0)\frac{1}{\varepsilon}\nabla\cdot\vec{D}$$

$$=-\left[\frac{\varepsilon-\varepsilon_0}{\varepsilon}\right]\rho_f=-\left(1-\frac{\varepsilon_0}{\varepsilon}\right)\rho_f$$

**19.** 利用麦克斯韦方程组，导出电荷守恒定律的表达式。这是否意味着麦克斯韦方程组能够替代电荷守恒定律，你如何理解？

**解**  根据麦克斯韦方程组中推广的毕奥-萨伐尔定律：

$$\nabla\times\vec{B}=\mu(\vec{J}+\vec{J}_D)$$

两边取散度可得

$$\nabla\cdot(\nabla\times\vec{B})=\nabla\cdot(\mu_0\vec{J}+\mu_0\vec{J}_D)=\mu_0(\nabla\cdot\vec{J}+\nabla\cdot\vec{J}_D)=0$$

所以

$$\nabla\cdot\vec{J}+\nabla\cdot\vec{J}_D=0$$

位移电流

$$\vec{J}_D=\varepsilon\frac{\partial\vec{E}}{\partial t}$$

由电场的高斯定理

$$\nabla\cdot\vec{E}=\frac{\rho}{\varepsilon}$$

得

$$\nabla\cdot\vec{J}_D=\nabla\cdot\left(\varepsilon\frac{\partial\vec{E}}{\partial t}\right)=\varepsilon\frac{\partial\nabla\cdot\vec{E}}{\partial t}=\varepsilon\frac{\partial\frac{\rho}{\varepsilon}}{\partial t}=\frac{\partial\rho}{\partial t}$$

所以电荷守恒定律成立，有

$$\nabla\cdot\vec{J}+\frac{\partial\rho}{\partial t}=0$$

麦克斯韦方程组不能够替代电荷守恒定律，电荷守恒定律为独立于麦克斯韦方程组的实验定律。电荷守恒定律能够从麦克斯韦方程组导出，表明麦克斯韦方程组与电荷守恒定律自洽而无矛盾，但是不能替代电荷守恒定律。

**20.** 证明：麦克斯韦方程组中的 4 个方程只有 2 个独立，麦克斯韦方程组是否可以只由 2 个独立方程组成即可，为什么？

**证**  从麦克斯韦方程组的两个旋度方程出发，可以导出散度方程：

$$\nabla\times\vec{E}=-\frac{\partial\vec{B}}{\partial t}$$

$$\nabla\times\vec{B}=\mu(\vec{J}+\vec{J}_D)$$

对电场的旋度方程求散度可得

$$\mathbf{\nabla} \cdot (\mathbf{\nabla} \times \vec{E}) = -\frac{\partial}{\partial t}\mathbf{\nabla} \cdot \vec{B} = 0$$

所以

$$\mathbf{\nabla} \cdot \vec{B} = 0$$

对磁场的旋度方程求散度可得

$$\mathbf{\nabla} \cdot (\mathbf{\nabla} \times \vec{B}) = \mathbf{\nabla} \cdot (\mu_0 \vec{J} + \mu_0 \vec{J}_D) = \mu_0 (\mathbf{\nabla} \cdot \vec{J} + \mathbf{\nabla} \cdot \vec{J}_D) = 0$$

位移电流为

$$\vec{J}_D = \varepsilon \frac{\partial \vec{E}}{\partial t}$$

则

$$\mathbf{\nabla} \cdot \vec{J}_D = \mathbf{\nabla} \cdot \left( \varepsilon \frac{\partial \vec{E}}{\partial t} \right) = \varepsilon \frac{\partial \mathbf{\nabla} \cdot \vec{E}}{\partial t}$$

由电荷守恒定律

$$\mathbf{\nabla} \cdot \vec{J} = -\frac{\partial \rho}{\partial t}$$

得

$$\mathbf{\nabla} \cdot \vec{E} = \frac{\rho}{\varepsilon}$$

虽然麦克斯韦方程组仅有 2 个方程独立,但麦克斯韦方程组不能只由 2 个独立方程组成。因为麦克斯韦方程组中的每一个方程都有其对应的物理意义的实验定律,它们共同揭示了电磁场的基本规律。

**21.** 利用麦克斯韦方程组导出电磁场的波动方程。

**解** 介质中的麦克斯韦方程组

$$\begin{cases} \mathbf{\nabla} \cdot \vec{D} = \rho & (1) \\ \mathbf{\nabla} \cdot \vec{B} = 0 & (2) \\ \mathbf{\nabla} \times \vec{E} = -\dfrac{\partial \vec{B}}{\partial t} & (3) \\ \mathbf{\nabla} \times \vec{H} = \vec{J} + \dfrac{\partial \vec{D}}{\partial t} & (4) \end{cases}$$

$$\vec{D} = \varepsilon \vec{E}, \quad \vec{B} = \mu \vec{H}$$

对式(3)两边求旋度,有

$$\mathbf{\nabla} \times \mathbf{\nabla} \times \vec{E} = -\frac{\partial}{\partial t}(\mathbf{\nabla} \times \vec{B}) = -\frac{\partial}{\partial t}\mathbf{\nabla} \times (\mu \vec{H})$$

$$\mathbf{\nabla}(\mathbf{\nabla} \cdot \vec{E}) - \mathbf{\nabla}^2 \vec{E} = -\mu \frac{\partial}{\partial t}\left( \vec{J} + \frac{\partial \vec{D}}{\partial t} \right)$$

因为

$$\mathbf{\nabla} \cdot \vec{E} = \frac{\rho}{\varepsilon}$$

所以

$$\mathbf{\nabla}\left(\frac{\rho}{\varepsilon}\right)-\mathbf{\nabla}^2\vec{E}=-\mu\frac{\partial\vec{J}}{\partial t}-\mu\varepsilon\frac{\partial^2\vec{E}}{\partial t^2}$$

因此电场的波动方程为

$$\mathbf{\nabla}^2\vec{E}-\mu\varepsilon\frac{\partial^2\vec{E}}{\partial t^2}=\mathbf{\nabla}\frac{\rho}{\varepsilon}+\mu\frac{\partial\vec{J}}{\partial t}$$

对式（4）两边求旋度，有

$$\mathbf{\nabla}\times(\mathbf{\nabla}\times\vec{H})=\mathbf{\nabla}\times\vec{J}+\frac{\partial}{\partial t}(\mathbf{\nabla}\times\vec{D})=\mathbf{\nabla}\times\vec{J}+\varepsilon\frac{\partial}{\partial t}(\mathbf{\nabla}\times\vec{E})$$

$$\mathbf{\nabla}(\mathbf{\nabla}\cdot\vec{H})-\mathbf{\nabla}^2\vec{H}=\mathbf{\nabla}\times\vec{J}+\varepsilon\frac{\partial}{\partial t}\left(-\frac{\partial\vec{B}}{\partial t}\right)$$

$$\mathbf{\nabla}\cdot\vec{H}=0$$

所以

$$-\mathbf{\nabla}^2\vec{H}=\mathbf{\nabla}\times\vec{J}-\mu\varepsilon\frac{\partial^2\vec{H}}{\partial t^2}$$

所以磁场的波动方程为

$$\mathbf{\nabla}^2\vec{H}-\mu\varepsilon\frac{\partial^2\vec{H}}{\partial t^2}=-\mathbf{\nabla}\times\vec{J}$$

**22.** 证明：理想导体中的时变电磁场的电场和磁场恒为零。

**证** 由于物质中的电流密度总是有限的，而理想导体的电导率 $\sigma=\infty$，若理想导体中存在非零电场，则必然导致 $\vec{J}=\sigma\vec{E}=\infty$，与物理事实不符，因此理想导体中时变电场必为零。如果时变磁场不为零，根据法拉第电磁感应定律，时变磁场将感应出时变电场，这样就会与上述推论相矛盾。

下面进一步证明理想导体内部时变磁场为零。对于理想导体，位移电流远小于实际电流，可忽略，因此安培环路定律为

$$\mathbf{\nabla}\times\vec{B}=\mu_0\vec{J}$$

根据电流密度的定义

$$\vec{J}=ne\vec{v}$$

且

$$-e\vec{E}=m\frac{\partial\vec{v}}{\partial t}$$

$$\frac{\partial\vec{J}}{\partial t}=\frac{ne^2}{m}\vec{E}$$

所以可以得到

$$\mathbf{\nabla}\times\frac{\partial\vec{B}}{\partial t}=\frac{\mu_0 ne^2}{m}\vec{E}$$

根据法拉第电磁感应定律

$$\mathbf{\nabla}\times\vec{E}=-\frac{\partial\vec{B}}{\partial t}$$

进一步得到

$$\frac{\partial\vec{B}}{\partial t}=-\mathbf{\nabla}\times\vec{E}=-\frac{m}{\mu_0 ne^2}\mathbf{\nabla}\times(\mathbf{\nabla}\times\vec{B})=\frac{m}{\mu_0 ne^2}\mathbf{\nabla}^2\frac{\partial\vec{B}}{\partial t}$$

其解为

$$\frac{\partial \vec{B}}{\partial t}=\frac{\partial \vec{B}}{\partial t}\bigg|_{z=0}e^{-\frac{z}{\lambda}}, \quad \lambda=\sqrt{\frac{m}{\mu_0 ne^2}}$$

可见磁场在导体表面很快衰减,无法深入到导体内部。因此理想导体内部时变磁场为零。

**23.** 证明:当两种绝缘介质的分界面上不带面自由电荷时,电场力线的曲折满足 $\tan\theta_2/\tan\theta_1=\varepsilon_2/\varepsilon_1$,其中 $\varepsilon_1$ 和 $\varepsilon_2$ 分别为两种介质的介电常数,$\theta_1$ 和 $\theta_2$ 分别为界面两侧电场线与法线的夹角。

**证**　由 $\vec{E}$ 的切向分量连续,得

$$E_1\sin\theta_1=E_2\sin\theta_2$$

式中:$\theta_1$ 和 $\theta_2$ 分别为界面两侧电场线与法线的夹角。

交界面处无自由电荷,所以 $\vec{D}$ 的法向分量连续,即

$$D_1\cos\theta_1=D_2\cos\theta_2$$

$$\varepsilon_1 E_1\cos\theta_1=\varepsilon_2 E_2\cos\theta_2$$

以上两式相除,得

$$\frac{\tan\theta_2}{\tan\theta_1}=\frac{\varepsilon_2}{\varepsilon_1}$$

**24.** 假设自然界存在磁荷,磁荷的运动形成磁流。又假设磁荷产生磁场与电荷产生电场,磁流产生电场与电流产生磁场满足相同的实验定律。导出在这一假设前提下的广义麦克斯韦方程组的表达式。

**解**　设假想的磁荷密度为 $\rho_m$,磁流密度矢量为 $\vec{J}_m$,并满足守恒定律,即

$$\mathbf{\nabla}\cdot\vec{J}_m(\vec{r},t)+\frac{\partial}{\partial t}\rho_m(\vec{r},t)=0$$

进一步假设磁荷激发磁场与电荷激发电场相一致,磁流激发电场与电流激发磁场相一致。

由此可得到推广后的麦克斯韦方程组为

$$\begin{cases} \mathbf{\nabla}\cdot\vec{D}=\rho \\[2mm] \mathbf{\nabla}\times\vec{E}=-\vec{J}_m-\dfrac{\partial\vec{B}}{\partial t} \\[2mm] \mathbf{\nabla}\cdot\vec{B}=\rho_m \\[2mm] \mathbf{\nabla}\times\vec{H}=\vec{J}+\dfrac{\partial\vec{D}}{\partial t} \end{cases}$$

**25.** 证明:电荷均匀分布薄球壳内任意点的电场为零。

**证**　球壳内任意点的电场为球壳面电荷产生电场的叠加。为此,在球内任选一点 $P$,假设球心为 $O$,以 $OP$ 为半径做球面 $S$。根据球壳表面电荷的对称性可知,球面 $S$ 上任意点的电场大小相等,电场的方向与该点的面元矢量的夹角也应该相同。根据电场的高斯定律可知

$$\oint\vec{E}\cdot\mathrm{d}\vec{S}=Q=0$$

故得到点 $P$ 的电场为零,即

$$E(r_P) = \iint\limits_S \mathrm{d}E(r_P) = 0$$

从而证明了均匀带电球壳内任意点的电场恒为零。

**26.** 利用麦克斯韦方程组和电荷守恒定律推导位移电流的表达式。

**解** 利用电荷守恒定律和麦克斯韦的高斯定律:

$$\boldsymbol{\nabla}\cdot\vec{J} + \frac{\partial\rho}{\partial t} = \boldsymbol{\nabla}\cdot\vec{J} + \frac{\partial}{\partial t}(\boldsymbol{\nabla}\cdot\vec{D}) = \boldsymbol{\nabla}\cdot\left[\vec{J} + \frac{\partial\vec{D}}{\partial t}\right] = 0$$

从而得到总电流和位移电流的内涵及其表达式为

$$\begin{cases} \vec{J}_{总} = \vec{J} + \dfrac{\partial\vec{D}}{\partial t} \\ \vec{J}_D = \dfrac{\partial\vec{D}}{\partial t} \end{cases}$$

**27.** 证明:位移电流、传导电流和磁化电流之和为无散场。

**证** 根据介质中的安培环路定律,有

$$\boldsymbol{\nabla}\times\vec{B} = \mu_0\left(\vec{J} + \frac{\partial\vec{D}}{\partial t} + \vec{J}_M\right)$$

$$\boldsymbol{\nabla}\cdot\boldsymbol{\nabla}\times\vec{B} = 0$$

因此

$$\boldsymbol{\nabla}\cdot\left(\vec{J} + \frac{\partial\vec{D}}{\partial t} + \vec{J}_M\right) = 0$$

**28.** 说明介质中 Maxwell 方程组的完备性。

**解** 介质中的电磁场问题,电场强度、磁感应强度、电位移矢量和磁场强度共对应 12 个标量分量,麦克斯韦方程组只有 6 个独立标量分量方程,独立方程不能唯一求解待求未知量。因此介质中的麦克斯韦方程组是不完备的,必须附加其他条件(如介质的本构关系)才能对方程求解。

**29.** 写出导体 1 和理想介质 2 的分界面两侧的电磁场的法向分量、切向分量各自满足的边界条件。

**解** 根据导体内部电磁场为零,导体表面存在自由电荷和电流,得到

$$\begin{cases} \hat{n}\cdot\vec{D} = \rho_S \\ \hat{n}\cdot\vec{B} = 0 \\ \hat{n}\times\vec{E} = 0 \\ \hat{n}\times\vec{H} = \vec{J}_S \end{cases}$$

**30.** 某个很薄的无限大导体带电平面的面电荷密度为 $\sigma_S$。请证明:轴线 $z = z_0$ 处的电场强度的一半是由平面半径为 $\sqrt{3}z_0$ 的圆电荷产生的。

**证** 导体平面上面积元 $\mathrm{d}S' = r'\mathrm{d}\varphi'\mathrm{d}r'$ 上所带的电荷 $\mathrm{d}q = \sigma_S r'\mathrm{d}r'\mathrm{d}\varphi'$,根据电场的定义,该面电荷元 $\mathrm{d}q$ 在 $z = z_0$ 处产生的电场强度为

$$\mathrm{d}\vec{E} = \frac{\sigma_S r'\mathrm{d}r'\mathrm{d}\varphi'}{4\pi\varepsilon_0}\cdot\frac{\hat{e}_z z_0 + \hat{e}_r r'}{(z_0^2 + r'^2)^{\frac{3}{2}}}$$

则整个导体面电荷在 $z=z_0$ 处产生的电场为

$$\vec{E} = \frac{\sigma_S}{4\pi\varepsilon_0} \int_0^r \int_0^{2\pi} \frac{\hat{e}_z z_0 + \hat{e}_r r'}{(z_0^2 + r'^2)^{\frac{3}{2}}} r' \mathrm{d}r' \mathrm{d}\varphi'$$

$$= \hat{e}_z \frac{\rho_S z_0}{2\varepsilon_0} \int_0^r \frac{r' \mathrm{d}r'}{(z_0^2 + r'^2)^{\frac{3}{2}}} = -\hat{e}_z \frac{\rho_S z_0}{2\varepsilon_0} \frac{1}{(z_0^2 + r'^2)^{\frac{3}{2}}} \Big|_0^r$$

当 $r \to \infty$ 时,有 $\vec{E} = \hat{e}_z \dfrac{\rho_S}{2\varepsilon_0}$;当 $r = \sqrt{3} z_0$ 时,有

$$\vec{E}' = -\hat{e}_z \frac{\rho_S z_0}{2\varepsilon_0} \frac{1}{(z_0^2 + r'^2)^{\frac{3}{2}}} \Big|_0^{\sqrt{3} z_0} = \hat{e}_z \frac{\rho_S}{4\varepsilon_0} = \frac{\vec{E}}{2}$$

# 3

# 静态电磁场

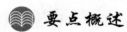
静态电磁场不随时间发生变化,由静止电荷和恒定电流等激发。静态电磁场的应用广泛,如信号的记录存储和显示、静电除尘、复印机等。本章总结了静态电磁场的基本方程和边界条件,即静态电磁场的定解问题;总结了静态电磁场的能量和作用力的计算公式等。

## 3.1 静电场的方程和边界条件

静态电场与电势函数不一一对应,电势的值与零参考电势点的选取有关。静电势满足泊松方程

$$\mathbf{V}^2 \phi(\vec{r}) = -\frac{\varrho(\vec{r})}{\varepsilon}$$

如果静电荷为 0,则变为拉普拉斯方程

$$\mathbf{V}^2 \phi(\vec{r}) = 0$$

电势函数满足的第一类边界条件为

$$\left[ \phi_2(\vec{r}) - \phi_1(\vec{r}) \right]_S = 0$$

电势函数满足的第二类边界条件为

$$\varepsilon_2 \frac{\partial \phi_2}{\partial n} - \varepsilon_1 \frac{\partial \phi_1}{\partial n} = 0$$

导体边界电势函数满足的条件为

$$\begin{cases} \phi = \phi_0 \text{（常数）} \\ \varepsilon \dfrac{\partial \phi}{\partial n} = -\rho_S \end{cases}$$

导体面电荷的代数和满足 $\oint_S \rho_s \mathrm{d}S = \begin{cases} Q, & \text{导体所带电荷量} \\ 0, & \text{导体不带电} \end{cases}$

静电场中导体内部电场和导体表面电场切向分量为零,导体为等势体。导体内部电荷体密度为零,其所带电荷只分布于导体的表面。导体单位面电荷在其表面外侧产生的电场为该处总电场的一半。

## 3.2　静电场的能量和作用力

静电体系的能量可以表示成电势函数和电荷密度的形式,也可以表示成场的形式,即

$$W_e = \frac{1}{2}\iiint_V \rho(\vec{r})\phi(\vec{r})\mathrm{d}V = \frac{1}{2}\iiint_V \vec{D}(\vec{r}) \cdot \vec{E}(\vec{r})\mathrm{d}V$$

如果空间为均匀线性各向同性介质,$\vec{D} = \varepsilon\vec{E}$,电场能量密度为

$$w_e(\vec{r}) = \frac{1}{2}\varepsilon\vec{E}^2(\vec{r})$$

带电导体系的能量可表示为

$$W_e = \frac{1}{2}\iiint_V \phi(\vec{r})\rho(\vec{r})\mathrm{d}V = \frac{1}{2}\sum \oint_{S_i} \phi_i \rho_s \mathrm{d}S = \frac{1}{2}\sum \phi_i q_i$$

带电导体系的静电力的表达式为

$$\begin{cases} \vec{F} = -\nabla W_e = -\left[\hat{e}_x \dfrac{\delta W_e}{\delta x} + \hat{e}_y \dfrac{\delta W_e}{\delta y} + \hat{e}_z \dfrac{\delta W_e}{\delta z}\right], & \text{导体系电荷保持不变} \\ \vec{F} = \nabla W_e, & \text{导体系电压保持不变} \end{cases}$$

由虚功原理得到:导体单位面电荷在其表面外侧产生的电场为该处总电场的一半,即

$$\vec{E}'|_{\text{导体表面}} = \frac{1}{2}\vec{E}|_{\text{导体表面}}$$

式中:$\vec{E}'|_{\text{导体表面}}$ 为导体表面单位微元面电荷在其表面处产生的电场。

## 3.3　静磁场的方程和边界条件

磁场与磁矢势不一一对应,与磁矢势的散度不唯一确定有关。

磁矢势满足的矢量泊松方程和边界条件:

$$\begin{cases} \nabla^2\vec{A}(\vec{r}) = -\mu\vec{J}(\vec{r}) \\ (\vec{A}_2 - \vec{A}_1)|_{\text{界面}} = 0 \quad \text{或} \quad \hat{n} \times \left(\dfrac{1}{\mu_2}\nabla \times \vec{A}_2 - \dfrac{1}{\mu_1}\nabla \times \vec{A}_1\right) = \vec{J}_S \end{cases}$$

## 3.4　静磁场的能量和作用力

磁通量可以表示成磁场的面积分、磁矢势的线积分,也可以表示成互感系数 $M_{12}$ 与

电流 $I_0$ 的乘积：

$$\psi_{12} = \iint\limits_{S} \vec{B}(\vec{r}) \cdot \mathrm{d}\vec{S} = \oint\limits_{C_2} \vec{A}(\vec{r}) \cdot \mathrm{d}\vec{l}_2 = M_{12} I_0$$

静磁场能量可以表示成磁矢势函数和电流密度的形式,也可以表示成场函数的形式,即

$$W_m = \frac{1}{2} \iiint\limits_{V} \vec{A}(\vec{r}) \cdot \vec{J}(\vec{r}) \mathrm{d}V$$

和

$$W_m = \frac{1}{2} \iiint\limits_{V} \vec{H}(\vec{r}) \cdot \vec{B}(\vec{r}) \mathrm{d}V$$

静磁场的能量密度为

$$w_m(\vec{r}) = \frac{1}{2} \vec{B}(\vec{r}) \cdot \vec{H}(\vec{r})$$

载流体系所受磁场作用力为

$$\vec{F}_m = -\left[ \hat{e}_x \frac{\partial W_m}{\partial x} + \hat{e}_y \frac{\partial W_m}{\partial y} + \hat{e}_z \frac{\partial W_m}{\partial z} \right] = -\nabla W_m$$

## 基本要求

掌握静电势的泊松方程和两类边界条件,理解电势函数和静电场的关系,理解电场能量和能量密度的概念,会计算简单的电场能量和电场力。掌握静磁场的矢量泊松方程和边界条件,理解磁矢势函数和静磁场的关系,了解标量磁势的概念。理解磁场能量和能量密度的概念,会计算简单问题的磁场能和磁场力。

# 思考与练习题 3

**1.** 为什么电位可以是任意值,在什么情况下电位是有物理意义的量?

**解** 电位(电势)的大小取决于电势零点的选取,其数值只具有相对的意义,因此对于不同的电势零点,电位值不同;仅在电势零点确定的情况下电位才是有物理意义的量。

**2.** 分析说明为什么静电场能量既能通过电荷计算,也能通过场计算。

**解** 因为电位由电荷的分布决定,因此电荷系统的能量由该系统中的电荷的分布决定,所以能量可以通过电荷计算。

静电场的能量也可以由空间电场分布来确定,这是因为对于静电场,空间区域(边界状态已知)内的电场由电荷分布唯一确定,反之空间区域(边界状态已知)的电场也唯一确定了电荷的分布。

所以静电场能量既能通过电荷计算,也能通过场计算,二者完全统一,并无矛盾。

**3.** 物理上如何理解电位函数在介质的分界面两侧连续的条件?

**解** 当理想介质的分界面上没有自由面电荷时,介质分界面两侧电位函数连续。如果上述条件不成立,该面电荷必定会产生一个电场,从而引起电位在该边界上的突变。

**4.** 如果空间某点电位为零,该点的电场是否也为零?

**解** 否,电位为零,电场并不一定为零,因为电场等于电位的梯度,为该点电位的方向性导数取最大值的方向和数值。

**5.** 简述虚功原理的基本思想,思考虚功原理应用的基本条件。

**解** 设空间有一确定几何结构的电荷体系,假设在静电力的作用下,该电荷体系的空间几何结构有虚拟的微小变化,静电力所做的虚功为 $\delta A = \vec{F} \cdot \delta \vec{l}$。根据能量守恒原理,该虚功必然等于电荷体系能量的减少量,据此可以求得电场的静电作用力。这一分析方法称为虚功原理分析方法。

虚功原理应用的基本条件是约束力虚功总和为零。

**6.** 从场论角度出发,分析产生磁矢势不具唯一性的原因。

**解** 磁矢势的旋度为磁感应强度,但磁矢势的散度未知。根绝 Helmholtz 定理,如果要唯一确定磁矢势,必须知晓其散度和旋度,否则磁矢势无法被唯一确定。

**7.** 在什么样的情况下,可用磁标位描述磁场?

**解** 在无源区域,即传导电流分布之外的区域,可以使用磁标位描述磁场。在无源区域,磁场的旋度为零,故可以引入标量的势函数来描述磁场:

$$\mathbf{\nabla} \times \vec{B} = \mathbf{\nabla} \times (\mathbf{\nabla} \varphi_m) = 0$$

$$\vec{B} = -\mathbf{\nabla} \varphi_m$$

**8.** 电阻、电容和电感是电路中的基本元件,它们描述的是什么特性参数,表达了导电介质或导体系的什么性质?

**解** 电阻描述某段导体两端电势差与导体截面上电流强度的比值。电容描述升高单位电位导体所能存储的电荷量。电感描述线圈电流变化在其自身或别的线圈引起感应电动势效应的电路参数。

**9.** 简述静态电磁场定解问题中泛定方程和边界条件各起的作用。

**解** 静态电磁场的泛定方程的作用是描述电磁场在代求体系内部的形式,可以得到问题的通解;而边界条件是对电磁场在体系边界上的情况进行强制性限定,从而把体系内部的电磁场形式唯一地限定下来,得到特解。

**10.** 预估在外加电场作用下良导体(铜)达到静电平衡态所需时间。

**解** 利用高斯定理、欧姆定理和电荷守恒定理,得到导体中电荷密度的表达式为

$$\rho(t) = \rho_0 \exp\left(-\frac{\sigma}{\varepsilon}t\right)$$

式中:$\rho_0$ 为初始时刻导体中的电荷密度。

取铜的相对介电常数为 1,则 $\varepsilon = \varepsilon_0 = 8.85 \times 10^{-12}$ F/m,$\sigma_{铜} \approx 5.8 \times 10^7$ $\Omega^{-1} m^{-1}$,则

$$t = \frac{\varepsilon}{\sigma} = \frac{8.85 \times 10^{-12}}{5.8 \times 10^7} \text{ s} \approx 1.53 \times 10^{-19} \text{ s}$$

这表明存在于导体中的电荷将迅速衰减为零,达到静电平衡态所需时间约为$10^{-19}$ s。

**11.** 总结静电场、恒定电流电场和恒定电流磁场的基本性质,分析它们性质的异同点。为什么静态电磁场(包括静电场、恒定电流电场和恒定电流磁场)满足同类型的数学方程。

**解** 静电场是有散无旋的矢量场,由静电荷激发。恒定电流的电场也是有散无旋的矢量场,由导体内不随时间变化的电荷引发,因此与静电场有相同的基本特性。恒定电流磁场为无散有旋的矢量场,由恒定电流激发。

因为静态电场和恒定电流的电磁场均与时间无关,属于静态物理问题,而描述静态物理问题的数学方程为泊松方程,因此磁矢势与电位满足同类型的数学方程。

**12.** 长为 $l$ 的圆筒形电容器,内外半径分别为 $a$、$b$,两导体之间充满了介电常数为 $\varepsilon$ 的介质。

(1) 电容器带电荷量 $Q$,忽略边缘效应,求电容器内电场分布和电容;

(2) 假设将电容器接到电压为 $V$ 的电源上,并且电容器内介质一部分被拉出电容器,忽略边缘效应,求介质受到的作用力的大小和方向。

**解** 根据高斯定理

$$\oint_S \vec{D} \cdot d\vec{S} = \rho_l l$$

$$2\pi r l D = \rho_l l = \frac{Q}{L} l$$

$$D = \frac{Q}{2\pi r l}$$

$$\vec{E} = \frac{\vec{D}}{\varepsilon} = \frac{Q}{2\pi \varepsilon r l} \frac{\vec{r}}{r}$$

电容器的电容计算如下。

内、外导体的电位差分别为

$$\phi = \int_a^b \vec{E} \cdot d\vec{r} = \frac{Q}{2\pi \varepsilon L} \ln\left(\frac{b}{a}\right)$$

$$C = \frac{Q}{\varphi} = \frac{2\pi \varepsilon L}{\ln\left(\frac{b}{a}\right)}$$

电容器所储存的能量为

$$W = \frac{1}{2} qV = \frac{1}{2} CV^2$$

式中:$C$ 由两部分的电容并联而成。

设介质被抽出的一段长为 $x$,$C$ 便等于无介质部分的电容 $C_1$ 与有介质部分的电容 $C_2$ 的叠加,即

$$C = C_1 + C_2 = \frac{2\pi \varepsilon_0 x}{\ln\left(\frac{b}{a}\right)} + \frac{2\pi \varepsilon (L-x)}{\ln\left(\frac{b}{a}\right)} = \frac{2\pi}{\ln\left(\frac{b}{a}\right)}[\varepsilon L - (\varepsilon - \varepsilon_0) x]$$

则

$$W = \frac{V^2}{2}C = \frac{V^2}{2}\frac{2\pi}{\ln\left(\frac{b}{a}\right)}[\varepsilon L - (\varepsilon - \varepsilon_0)x]$$

$$\vec{F} = -\hat{e}_x\frac{\partial W}{\partial x}\bigg|_{\varphi=\text{常}} = \frac{\pi V^2}{\ln\left(\frac{b}{a}\right)}(\varepsilon - \varepsilon_0)\hat{e}_x$$

**13.** 利用电场的高斯定理分别求电荷面密度为 $\rho_S$ 的无穷大导体板和半无穷大导体在上半空间导体平面附近产生的电场(见图 3-1),比较所得到结果的差别。你能从这一差别中得到什么结论?

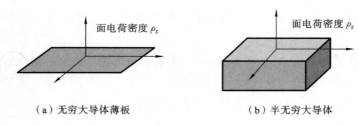

（a）无穷大导体薄板          （b）半无穷大导体

**图 3-1　第 13 题题图 1**

**解**　对图 3-2(a)所示扁平小圆盒应用电场高斯定理,求得导体面电荷在表面两侧电场为

$$\oiint \vec{D}' \cdot \mathrm{d}\vec{S} = \iiint \rho \mathrm{d}V$$

$$2D'\Delta S = \rho_S\Delta S$$

$$2E'\Delta S = \frac{\rho_S}{\varepsilon}\Delta S$$

$$\vec{E}' = \hat{n}\frac{\rho_S}{2\varepsilon}$$

在图 3-2(b)中任意导体表面两侧作一扁平小圆盒,将电场高斯定理应用该扁平小圆盒,导体内部电场为零,求得导体表面外侧的(导体所有面电荷)总电场为

$$\oiint \vec{D} \cdot \mathrm{d}\vec{S} = \iiint \rho \mathrm{d}V$$

$$D\Delta S = \rho_S\Delta S$$

$$\vec{E} = \hat{n}\frac{\rho_S}{\varepsilon} = 2\vec{E}'$$

因此面电荷为 $\rho_S$ 的无穷大导体板的电场为半无穷大导体的电场的一半,即可以等效为该处导体表面的面电荷在其外侧产生的电场,为该处总电场的一半。

**14.** 同轴线如图 3-3 所示,内、外导体的半径分别为 $a$、$b$,将其与电压为 $V$ 的电源相连接,内导体上的电流强度为 $I$。求同轴线内电场和磁场的分布,计算穿过两导体间 $\phi$ = 常数的平面单位长度上的能流密度矢量。

**解**　电场分布:设同轴线内导体上电荷面密度为 $\rho_S$,利用高斯定理:

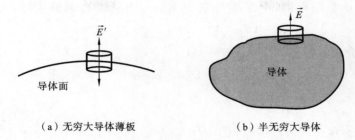

（a）无穷大导体薄板　　　（b）半无穷大导体

图 3-2　第 13 题题图 2

当 $a < r < b$ 时,有

$$\oint_S \vec{D} \cdot \mathrm{d}\vec{S} = 2\pi r l D = 2\pi a l \rho_s$$

$$\vec{D} = \frac{\rho_s a}{r^2} \vec{r}$$

$$\vec{E} = \frac{\rho_s a}{\varepsilon r} \frac{\vec{r}}{r}$$

内外导体的电势差为

$$V = \int_a^b \vec{E} \cdot \mathrm{d}\vec{r} = \frac{\rho_s a}{\varepsilon} \int_a^b \frac{\mathrm{d}r}{r} = \frac{\rho_s a}{\varepsilon} \ln \frac{b}{a}$$

$$\rho_s = \frac{\varepsilon V}{a \ln\left(\dfrac{b}{a}\right)}$$

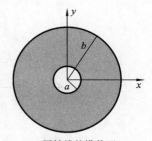

同轴线的横截面

图 3-3　第 14 题题图

则

$$\vec{E} = \frac{V}{r \ln\left(\dfrac{b}{a}\right)} \frac{\vec{r}}{r}$$

　　磁场分布:根据安培环路定理:

当 $a < r < b$ 时,有

$$\oint_L \vec{H} \cdot \mathrm{d}\vec{l} = I$$

$$2\pi r H = I$$

$$H = \frac{I}{2\pi r} \hat{e}_\phi$$

能流密度矢量为

$$\vec{S} = \vec{E} \times \vec{H} = \frac{IV}{2\pi r^2 \ln\left(\dfrac{b}{a}\right)} \hat{e}_z, \quad a < r < b$$

**15.** 平行板电容器内有两层介质,厚度分别为 $l_1$ 和 $l_2$,介电常数分别为 $\varepsilon_1$ 和 $\varepsilon_2$,今在两板极接入电动势为 $\varepsilon$ 的电池,求:

（1）电容器两板上的自由电荷面密度 $\omega_f$;

（2）介质分界面上的自由电荷面密度 $\omega_f$;

（3）若介质是漏电的，电导率分别为 $\sigma_1$、$\sigma_2$，当电流达到恒定时，上述两个结果如何？

**解**　（1）介质界面上，有

$$D_{1n}=D_{2n}, \quad \rho_{Sf}=0$$

电容器内 $\vec{E}$ 与 $\vec{D}$ 只有法向分量

$$\varepsilon_1 E_1=\varepsilon_2 E_2, \quad E_2=\frac{\varepsilon_1}{\varepsilon_2}E_1$$

电容器极板上，有

$$D_{1n}=\rho_{Sf_1}$$

$$D_{2n}=-\rho_{Sf_2}$$

$$\varepsilon=E_1 l_1+E_2 l_2=D_1\left(\frac{l_1}{\varepsilon_1}+\frac{l_2}{\varepsilon_2}\right)=\left(\frac{l_1}{\varepsilon_1}+\frac{l_2}{\varepsilon_2}\right)\rho_{Sf_1}$$

$$\rho_{Sf_1}=\frac{\xi}{\dfrac{l_1}{\varepsilon_1}+\dfrac{l_2}{\varepsilon_2}}=-\rho_{Sf_2}$$

（2）介质分界面上，有

$$D_{1n}=D_{2n}$$

$$-\rho_{Sp}=P_{2n}-P_{1n}=D_{2n}\left(1-\frac{\varepsilon_0}{\varepsilon_2}\right)-D_{1n}\left(1-\frac{\varepsilon_0}{\varepsilon_1}\right)$$

$$=\varepsilon_0\left(\frac{1}{\varepsilon_1}-\frac{1}{\varepsilon_2}\right)D_n=\frac{\varepsilon_0(\varepsilon_2-\varepsilon_1)\varepsilon}{\varepsilon_2 l_1+\varepsilon_1 l_2}$$

（3）若介质漏电，则

$$\vec{J}=\sigma\vec{E}$$

$$J_{1n}=J_{2n}=J \quad \sigma_1 E_{1n}=\sigma_2 E_{2n}$$

$$\xi=E_1 l_1+E_2 l_2=\frac{J_{1n}}{\sigma_1}l_1+\frac{J_{2n}}{\sigma_2}l_2=\left(\frac{l_1}{\sigma_1}+\frac{l_2}{\sigma_2}\right)\tau$$

$$J=\frac{\xi\sigma_1\sigma_2}{\sigma_1 l_2+\sigma_2 l_1}$$

$$E_1=\frac{J}{\sigma_1}=\frac{\xi\sigma_2}{\sigma_1 l_2+\sigma_2 l_1}$$

$$E_2=\frac{J}{\sigma_2}=\frac{\xi\sigma_1}{\sigma_1 l_2+\sigma_2 l_1}$$

据 $\hat{n}\cdot(\vec{D}_2-\vec{D}_1)=D_{2n}-D_{1n}=\rho_{Sf}$，得

$$\rho_{Sf_1}=D_{1n}=\frac{\xi\varepsilon_1\sigma_2}{\sigma_1 l_2+\sigma_2 l_1}$$

$$\rho_{Sf_2}=D_{2n}=-\frac{\xi\sigma_1\varepsilon_2}{\sigma_1 l_2+\sigma_2 l_1}$$

$$\rho_{Sf_3}=D_{2n}-D_{1n}=\frac{\xi(\varepsilon_2\sigma_1-\varepsilon_1\sigma_2)}{\sigma_1 l_2+\sigma_2 l_1}$$

介质漏电，介质分界面上

$$-\rho_{Sp}=P_{2n}-P_{1n}=D_{2n}\left(1-\frac{\varepsilon_0}{\varepsilon_2}\right)-D_{1n}\left(1-\frac{\varepsilon_0}{\varepsilon_1}\right)$$

$$=\frac{\xi[\sigma_1(\varepsilon_2-\varepsilon_0)-\sigma_2(\varepsilon_1-\varepsilon_0)]}{\sigma_1 l_2+\sigma_2 l_1}$$

**16.** 面偶极层为带等量正负面电荷密度 $\pm\sigma$ 且靠得很近的两个面,其面偶极密度,定义为:$\vec{P}=\sigma\vec{l}(\sigma\to\infty,l\to0)$。证明下述结果:

(1) 在面电荷两侧,电位的法向微分有跃变,而电位连续。

(2) 在面偶极层两侧,电位有跃变 $\phi_2-\phi_1=\frac{1}{\varepsilon_0}\hat{n}\cdot\vec{P}$,而电位法向微分连续。

**证** 根据边界条件

$$D_{2n}-D_{1n}=\rho_{Sf}$$

$$\varepsilon_2 E_{2n}-\varepsilon_1 E_{1n}=\varepsilon_1\frac{\partial\phi_1}{\partial n}-\varepsilon_2\frac{\partial\phi_2}{\partial n}=\rho_{Sf}$$

在界面两侧,当 $h\to0$ 时,有

$$\varphi_1-\varphi_2=\int_1^2\vec{E}\cdot\mathrm{d}\vec{l}=0$$

$$\phi_1=\phi_2$$

在面偶极层两侧,有

$$\varphi_2-\varphi_1=-\int_1^2\vec{E}\cdot\mathrm{d}\vec{l}$$

偶极层间电场为

$$E_n=-\frac{\rho_{Sf}}{\varepsilon_0},\quad\vec{E}=-\hat{n}\frac{\rho_{Sf}}{\varepsilon_0}$$

$$\rho_{Sf}\to\infty,\quad h\to0$$

则

$$\varphi_2-\varphi_1=\frac{1}{\varepsilon_0}\hat{n}\cdot\vec{P}$$

利用

$$\oint_S\vec{D}\cdot\mathrm{d}\vec{S}=Q,\quad D_{2n}-D_{1n}=0$$

$$\Rightarrow\varepsilon_1\frac{\partial\phi_1}{\partial n}-\varepsilon_2\frac{\partial\phi_2}{\partial n}=0$$

**17.** 如图 3-4 所示,半径分别为 $a$、$b$ 的两导体球,由细导线相连,两球所带电荷总量为 $Q$,假设两球相距很远,求解或解析如下问题:

(1) 两球上的电荷分布;

(2) 两球表面电场强度,比较当 $b\gg a$ 时二者表面电场强度的大小;

(3) 以此结果解释建筑物避雷针的结构。

**解** (1) 假设两球带电量分别为 $q_1$、$q_2$,因为两球由导线相连,所以两球电势相等,故

$$\frac{q_1}{4\pi\varepsilon a}=\frac{q_2}{4\pi\varepsilon b} \tag{3-1}$$

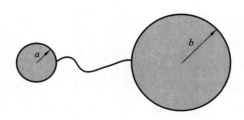

图 3-4   第 17 题题图

又

$$q_1 + q_2 = q \tag{3-2}$$

联立解得

$$q_1 = \frac{a}{a+b}q, \quad q_2 = \frac{b}{a+b}q$$

（2）由高斯定理，有如下结论。

半径为 $a$ 的球表面的电场分布为

$$E_1 = \frac{q_1}{4\pi\varepsilon\,a^2} = \frac{q}{4\pi\varepsilon(a+b)a}$$

半径为 $b$ 的球表面的电场分布为

$$E_2 = \frac{q_2}{4\pi\varepsilon\,b^2} = \frac{q}{4\pi\varepsilon(a+b)b}$$

当 $b \gg a$ 时，$E_2 \ll E_1$。

（3）当 $b \gg a$ 时，$E_2 \ll E_1$，表明半径为 $b$ 的球表面的电场强度远小于半径为 $a$ 的球表面的电场强度。这表明半径极小的避雷针，电场强度极大。避雷针与带电云层形成了电容器，其间的空气很容易被击穿放电，因此可以使建筑物达到避雷的效果。

**18.** 比较恒定电流的电场与静电场的异同点，证明：当两种导电介质内流有恒定电流时，分界面上电场力线的曲折满足 $\dfrac{\tan\theta_2}{\tan\theta_1} = \dfrac{\sigma_2}{\sigma_1}$，其中 $\sigma_1$、$\sigma_2$ 分别为两种介质的电导率。

**证**   根据电场的边界条件

$$E_{1t} = E_{2t}$$

因为电流恒定，有

$$J_{1n} = J_{2n}$$

所以

$$\sigma_1 E_{1n} = \sigma_2 E_{2n}$$

$$\tan\theta_1 = \frac{E_{1t}}{E_{1n}}$$

$$\tan\theta_2 = \frac{E_{2t}}{E_{2n}}$$

$$\frac{\tan\theta_1}{\tan\theta_2} = \frac{E_{1n}}{E_{1t}}\frac{E_{2t}}{E_{2n}} = \frac{E_{1n}}{E_{2n}} = \frac{\sigma_2}{\sigma_1}$$

**19.** 在试用 $\vec{A}$ 表示一个沿 $z$ 方向的均匀恒定磁场 $\vec{B}_0$，写出 $\vec{A}$ 的两种不同表达式，证明二者之差为无旋场。

**证**
$$B_x = B_y = 0, B_z = B_0$$

由
$$\vec{B} = \mathbf{\nabla} \times \vec{A}$$

得

$$\frac{\partial A_z}{\partial y} - \frac{\partial A_y}{\partial z} = 0$$

$$\frac{\partial A_x}{\partial z} - \frac{\partial A_z}{\partial x} = 0$$

$$\frac{\partial A_y}{\partial x} - \frac{\partial A_x}{\partial y} = B_0$$

可得一解为

$$A_z = A_y = 0, \quad A_x = -B_0 y$$

还可得另一解为

$$A_x = A_z = 0, \quad A_y = B_0 x$$

还存在其他解。

二者之差的旋度为

$$\mathbf{\nabla} \times (A_y \hat{e}_y - A_x \hat{e}_x) = \mathbf{\nabla} \times (B_0 x \hat{e}_y + B_0 y \hat{e}_x) = \begin{vmatrix} \hat{e}_x & \hat{e}_y & \hat{e}_z \\ \dfrac{\partial}{\partial x} & \dfrac{\partial}{\partial y} & \dfrac{\partial}{\partial z} \\ B_0 y & B_0 x & 0 \end{vmatrix} = 0$$

**20.** 证明:两个载有恒定电流的闭合线圈之间的相互作用力的大小相等、方向相反(但两个电流元之间的相互作用力一般并不服从牛顿第三定律)。

**证** 设线圈中的电流分别为 $I_1$、$I_2$,则线圈 1 对线圈 2 的作用力为

$$\vec{f}_{12} = \frac{\mu_0}{4\pi} \oiint_{l_1 l_2} \frac{I_2 \mathrm{d}\vec{l}_2 \times (I_1 \mathrm{d}\vec{l}_1 \vec{r}_{12})}{r_{12}^3} = \frac{\mu_0 I_1 I_2}{4\pi} \oiint_{l_1 l_2} \frac{\mathrm{d}\vec{l}_2 \times (\mathrm{d}\vec{l}_1 \vec{r}_{12})}{r_{12}^3}$$

$$= \frac{\mu_0 I_1 I_2}{4\pi} \oiint_{l_1 l_2} \left[ \frac{(\mathrm{d}\vec{l}_2 \cdot \vec{r}_{12}) \mathrm{d}\vec{l}_1}{r_{12}^3} - \frac{(\mathrm{d}\vec{l}_1 \cdot \mathrm{d}\vec{l}_2) r_{12}}{r_{12}^3} \right]$$

式中:

$$\oint_{l_2} \frac{\mathrm{d}\vec{l}_2 \, \vec{r}_{12}}{r_{12}^3} = -\oint_{l_2} \mathrm{d}\vec{l}_2 \cdot \mathbf{\nabla} \frac{1}{r_{12}} = -\int_S \mathbf{\nabla} \times \left( \mathbf{\nabla} \frac{1}{r_{12}} \right) \cdot \mathrm{d}\vec{S} = 0$$

$$\vec{f}_{12} = \frac{-\mu_0 I_1 I_2}{4\pi} \oiint_{l_1 l_2} \frac{\mathrm{d}\vec{l}_1 \cdot \mathrm{d}\vec{l}_2}{r_{12}^3} \vec{r}_{12}$$

同理可证

$$\vec{f}_{21} = \frac{-\mu_0 I_1 I_2}{4\pi} \oiint_{l_1 l_2} \frac{\mathrm{d}\vec{l}_1 \cdot \mathrm{d}\vec{l}_2}{r_{12}^3} \vec{r}_{21}$$

式中: $\vec{r}_{12} = -\vec{r}_{21}$,$r_{12}^3 = r_{21}^3$ 则 $\vec{f}_{12} = -\vec{f}_{21}$。

**21.** 已知某磁场的磁矢势 $\vec{A} = \hat{e}_\phi \rho B_0$,其中 $B_0$ 是常数。证明:该磁场均匀。

证 选圆柱坐标：

$$\vec{B} = \mathbf{\nabla} \times \vec{A} = \left( \frac{1}{\rho} \frac{\partial A_z}{\partial \phi} - \frac{\partial A_\phi}{\partial z} \right) \hat{e}_r + \left( \frac{\partial A_\rho}{\partial z} - \frac{\partial A_z}{\partial \rho} \right) \hat{e}_\phi + \left[ \frac{1}{\rho} \frac{\partial}{\partial \rho} (\rho A_\phi) - \frac{1}{\rho} \frac{\partial A_\rho}{\partial \phi} \right] \hat{e}_z$$

因为

$$\vec{A} = \frac{\rho}{2} B_0 \hat{e}_\phi$$

所以

$$\vec{B} = \frac{1}{\rho} \frac{\partial}{\partial \rho} (\rho A_\phi) \hat{e}_z = B_0 \hat{e}_z$$

**22.** 证明：理想导体内部电场为零，导体外侧电场仅有法向分量。

证 将良导体放在电场强度为 $E$ 的外电场中，导体内的自由电子在电场力的作用下向电场的反方向做定向移动。这样，导体的正负电荷分离，形成与外电场相反方向的另一电场，即极化电场，这就是静电感应现象。根据场强叠加原理，导体内电荷重新分布产生的极化电场与外电场相互抵消，使得导体内部总电场为零。电势的梯度等于零的现象，说明导体表面为等势体，因此导体外侧电场仅有法向分量。或者从导体和理想介质的分解面两侧电场满足的切向边界条件可知 $\hat{n} \times \vec{E} = 0$，所以外侧的电场的切向分量为零。

**23.** 证明：在无电荷分布的区域，电位既不能达到极大值，也不能达到极小值。

证 当空间某点为电位极大（小）值点时，则周围电场方向为由此点指向外（内），此时围绕此点做闭合面积分，则有积分大（小）零，即存在正（负）源电荷，得证。或者通过二次偏微分求证，$\frac{\partial^2 \phi}{\partial x^2} + \frac{\partial^2 \phi}{\partial y^2} + \frac{\partial^2 \phi}{\partial z^2} < 0 (\max)$ 或者 $> 0 (\min)$，而无源区有 $\frac{\partial^2 \phi}{\partial x^2} + \frac{\partial^2 \phi}{\partial y^2} + \frac{\partial^2 \phi}{\partial z^2} = 0$，故得证。

**24.** 试用边值关系证明：在恒定电流情况下，导体内电场线总是平行于导体表面。

证 在恒定电流情况下，导体表面 $\sigma_f = 0$，导体内的电流密度 $\vec{J}_2 = 0$，所以导体外电场 $E_2 = 0$，由于在分界面上电位移矢量的法向分量连续，所以

$$\hat{n} \cdot (\vec{D}_2 - \vec{D}_1) = \sigma_f = 0$$

因此

$$\hat{n} \cdot \vec{D}_1 = \hat{n} \cdot \varepsilon \vec{E}_1 = 0$$

即 $\vec{J}$ 只有切向分量，从而 $\vec{E}$ 只有切向分量，电场线与导体表面平行。

# 4

# 电磁场解析方法

## 🌀 要点概述

本章总结静态电磁场问题的解析求解方法，即以解析函数表达待求方程解的求解方法。本章内容包括静态电磁场问题的唯一性定理及应用、分离变量方法及其应用、镜像方法及其应用和格林函数方法。最后简单介绍一种基于多极矩展开的近似方法及应用。本章的静态电磁场的泊松方程的解析方法可作为时变电磁场波动方程的求解的参考。

## 4.1 唯一性定理

由第 3 章可知，静态电磁场定解问题为泊松方程（含拉普拉斯方程）和边界条件，即

$$\mathbf{V}^2\phi(\vec{r})=-\frac{\rho(\vec{r})}{\kappa}, \quad \phi(\vec{r})\Big|_{\text{边界}}=\psi(\vec{M}) \text{ 或 } \frac{\partial\phi(\vec{r})}{\partial n}\Big|_{\text{边界}}=\xi(\vec{M})$$

式中：$\phi(\vec{r})$ 可以是电位函数，也可以是磁标位；$\rho(\vec{r})$ 可以是电荷密度，也可以是等效磁荷密度；$\kappa$ 为介质的电磁特性参数，静电场 $\kappa=\varepsilon$，恒定电流的磁场 $\kappa=\mu$。

唯一性定理：区域 $V$ 内源分布、区域界面上位函数或其法向微分，或一部分界面上的位函数、其余界面上法向微分已知，则区域内方程有唯一解。可以用反证法来证明。

## 4.2 分离变量方法

分离变量方法的理论基础是解的线性叠加原理，其数学基础则是线性空间理论。其核心思想：通过分离变量得到本征值问题，获得本征函数，利用本征函数进行广义傅里叶级数展开。

分离变量方法的基本步骤:根据待求解问题,提炼出定解问题的泊松方程和边界条件;根据边界选取合适的正交曲线坐标系;变量分离得到本征值方程,求解本征值方程;利用本征函数对待求解进行广义傅里叶级数展开;利用边界条件确定广义傅里叶级数展开系数,并验证所求解是否满足方程和边界条件。

## 4.3 格林函数方法

格林函数方法的基本思想:空间任意体电荷产生的电位,可以被分解成很多点电荷的叠加所产生的电位的线性叠加,因此可以转换为求单位点电荷产生的电位问题,即格林函数。该方法的理论基础为线性系统。

静态电场的格林函数的互易性,$G(\vec{r}',\vec{r})-G(\vec{r},\vec{r}')=0$。

电位函数定解问题:

$$
\begin{cases}
\mathbf{\nabla}^2\phi(\vec{r})=-\dfrac{\rho(\vec{r})}{\varepsilon} \\[2mm]
\left[\alpha\phi(\vec{r})+\beta\dfrac{\partial\phi(\vec{r})}{\partial n}\right]\Big|_s=h(\vec{M})
\end{cases}
$$

该定解问题的格林函数解为

$$
\phi(\vec{r})=\iiint_V\rho(\vec{r}')G(\vec{r},\vec{r}')\mathrm{d}V'+\varepsilon\oiint_S\left[G(\vec{r},\vec{r}')\frac{\partial\phi(\vec{r}')}{\partial n'}-\phi(\vec{r}')\frac{\partial G(\vec{r},\vec{r}')}{\partial n'}\right]\mathrm{d}S'
$$

式中:第一项为区域内体电荷产生的电位;第二项为区域边界面电荷产生的电位;第三项为区域界面电偶极矩产生的电位。

## 4.4 镜像方法

镜像方法的基本思想:用一个或几个假想的像电荷等效界面感应面电荷的贡献。镜像方法的求解步骤:根据静电感应原理,像电荷与原电荷符号相反,且只能位于定义区域外部;像电荷在界面感应电荷中心与原电荷连线的延长线上;利用边界条件导出确定像电荷大小和位置,像电荷与原电荷的位置关于界面互为共轭关系;根据唯一性定理,将镜像方法获得的解代入方程和边界条件,验证结果的正确性。

## 4.5 势函数的多极矩展开

体分布电荷激发的势可展开为 $2^n(n=0,1,2\cdots)$ 电多极矩的势的叠加。

$$
\phi(\vec{r})=\frac{1}{4\pi\varepsilon_0}\left[\frac{Q}{r}-\vec{P}\cdot\mathbf{\nabla}\left(\frac{1}{r}\right)+\frac{1}{6}\overset{\leftrightarrow}{D}:\mathbf{\nabla\nabla}\left(\frac{1}{r}\right)+\cdots\right]
$$

称为电多极矩,式中:

$$\begin{cases} Q = \iiint\limits_{V} \rho(\vec{r}\,')\mathrm{d}V' \\[2mm] \vec{P} = \iiint\limits_{V} \vec{r}\,'\rho(\vec{r}\,')\mathrm{d}V' \\[2mm] \vec{D} = \iiint\limits_{V} 3\vec{r}\,'\vec{r}\,'\rho(\vec{r}\,')\mathrm{d}V' \end{cases}$$

零阶矩相当于把电荷体的电荷集中于坐标原点后的点电荷在远处产生的电位;一级近似项宏观上表现为电偶极矩在远处产生的电位;二级近似项是小电荷体系的电四极矩 $\vec{D}$ 产生的电位;电位展开式的第 $n$ 项为 $2^n$ 极矩的贡献,从物理上看,电 $2^n$ 极矩源于电 $2^{n-1}$ 极矩的非均匀性。

## 基本要求

理解静电场的唯一性定理及其重要意义,掌握分离变量方法的基本思想和解题步骤,能够用分离变量方法求解一些简单的问题。掌握格林函数方法的基本思想和格林公式。掌握镜像方法的基本原理,会用镜像方法求解一些典型的物理问题。

## 思考与练习题 4

**1.** 何谓定解问题? 其中泛定方程和边界条件各描述系统的什么状态?

**解** 泛定方程加上边界条件就构成一个定解问题。泛定方程代表系统内部源的贡献,边界条件代表边界上的源的贡献。例如,静电场、恒定电场和恒定电流磁场虽然不是同一物理量,服从不同的实验定律和定理,场与介质相互关系的本构方程及其特性参数也各不相同,但是它们具有共同的特点:场与时间无关,位函数满足泊松方程或拉普拉斯方程(无源空间区域);有相同的边界条件形态。因此它们有相同的定解问题。

**2.** 何谓定解问题的稳定性? 如何证明定解问题的稳定性?

**解** 解的稳定性是指结果(解)对原因(源和定解条件)的连续依赖性,即定解条件与源的微小变化,是否导致解也只有微小变化。

证明方法是:如果定解条件与源的微小变化导致解只有微小变化的现象则称为解稳定,反之则称为不稳定。解的稳定性非常重要,因为实际定解问题中,源和定解条件通常由实验数据或理论模型的简化获得,必然存在误差。如果定解问题的解不稳定,这意味着源和定解条件的微小改变,将可能引起解描述的物理系统剧烈振荡而不稳定,这不符合物理世界的客观要求。

**3.** 何谓本征值问题? 本征值问题的解有哪些基本性质?

**解** 如果算符作用于函数等于一个常数 $g$ 乘以该函数,则该方程称为本征方程。其中该函数称为算符的本征函数,$g$ 是算符对应于本征函数的本征值,其解为完备正交函数系。本征函数是这个线性本征方程的解,用这个函数的线性组合就可以表示所有满足该方程的解。

自然边界条件构成本征值问题,其解(包括本征函数和本征值)与真实边界条件构成本征值问题的解有同样的性质。这些性质包括本征值的离散特性、不同本征值所对应的本征函数的正交性、本征函数序列的完备性等。

**4.** 为什么本征值问题的解的线性叠加能表示电磁场问题的解?

**解** 根据线性空间理论,任何一个在定义区域内平方可积函数,可以表示为某个正交完备函数序列的广义傅里叶级数,所以本征值问题的解的线性叠加能表示电磁场问题的解。

**5.** 何谓自然边界条件?应用中常用的有哪几类自然边界条件?

**解** 物理问题本身特性所具有的,通常称为自然边界条件,包括周期性条件和有限性条件。

**6.** 简述格林函数方法的基本思想。这一思想的理论依据是什么?

**解** 格林函数方法的基本思想:空间任意体电荷产生的电位,可以被分解成很多点电荷的叠加所产生的电位的线性叠加,因此可以转换为求单位点电荷产生的电位问题,即格林函数。

这一思想的理论依据是线性系统,将体分布电荷产生电位比作一个线性系统的激励与响应关系;其中电荷为线性系统的激励,电位为线性系统的响应,电荷产生电位所满足的方程为线性系统激励与响应所遵循的规律。

**7.** 简述静态电磁场的格林函数互易性成立的前提条件。

**解** 观察点和源点的互易性的前提条件是交叉互换前后状态不变。

**8.** 证明:无源空间区域内电位由区域界面上的电位唯一确定。

**证** 根据格林公式,区域内某点 $\vec{r}$ 的电势为

$$\phi(\vec{r}) = \iiint\limits_V \rho(\vec{r}')G(\vec{r},\vec{r}')\mathrm{d}V' + \oiint\limits_S \left[\varepsilon G(\vec{r},\vec{r}')\frac{\partial\phi(\vec{r}')}{\partial n'} - \varepsilon\phi(\vec{r}')\frac{\partial G(\vec{r},\vec{r}')}{\partial n'}\right]\mathrm{d}S'$$

在无源空间,将 $\rho(\vec{r}')=0$ 代入上式,得到

$$\phi(\vec{r}) = \oiint\limits_S \left[\varepsilon G(\vec{r},\vec{r}')\frac{\partial\phi(\vec{r}')}{\partial n'} - \varepsilon\phi(\vec{r}')\frac{\partial G(\vec{r},\vec{r}')}{\partial n'}\right]\mathrm{d}S'$$

如果界面上没有电荷,则 $\dfrac{\partial\phi(\vec{r}')}{\partial n'}$,因此

$$\phi(\vec{r}) = \oiint\limits_S \left[-\varepsilon\phi(\vec{r}')\frac{\partial G(\vec{r},\vec{r}')}{\partial n'}\right]\mathrm{d}S'$$

所以无源空间区域电位由区域界面上的电位唯一确定。

**9.** 在均匀外电场中置入半径为 $a$ 的导体球,求导体球上电势为 $\phi$ 和导体球带有电荷 $Q$ 两种情况下的电位函数。设未置入导体球前坐标原点的电位为 $\varphi_0$。

**解** 静电场的电位函数可以表示为

球外:

$$\nabla^2\varphi = 0$$

以球心为原点,通过原点平行 $\vec{E}$ 的方向为极轴,取球坐标,则问题具有轴对称性,$\varphi = \varphi(r,\theta)$。方程的解为:$r \geqslant a$;$\varphi(r,\theta) = \sum\limits_{l=0}^{\infty} \left( A_l r^l + \dfrac{B_l}{r^{l+1}} \right) p_l \cos\theta$

边界条件①:$r \to \infty,\varphi = -E_0 r\cos\theta + \varphi_0$

边界条件②:$r = a,\varphi = \phi_0$

式中:$\varphi_0$ 是一常数,它等于未放入导体球时,电场 $\vec{E}_0$ 在原点的电势。由题意可知 $\varphi_0 = 0$。

将边界条件①代入解中,有

$$r \to \infty, \quad \varphi = -E_0 r\cos\theta = \sum_{l=0}^{\infty} A_l r^l p_l \cos\theta$$

比较等式两边得出

$$A_0 = 0, \quad A_1 = -E_0, \quad A_l = 0, \quad l \geqslant 2$$

于是得到

$$\varphi = -E_0 r\cos\theta + \sum_{l=0}^{\infty} \frac{B_l}{r^{l+1}} p_l \cos\theta$$

将边界条件②代入上式,有

$$r = a, \quad \varphi = \phi = -E_0 a\cos\theta + \sum_{l=0}^{\infty} \frac{B_l}{a^{l+1}} p_l \cos\theta$$

比较等式两边得出

$$B_0 = a\phi, \quad B_1 = E_0 a^3, \quad B_l = 0, \quad l \geqslant 2$$

最后得

$$r \geqslant a, \quad \varphi = -E_0 r\cos\theta + \frac{a\phi}{r} + \frac{E_0 a^3}{r^2}\cos\theta$$

若导体球上带总电荷 $Q$,则

$$r \to \infty, \quad \varphi = -E_0 r\cos\theta$$

$$r = a, \quad \oint_S \vec{D} \cdot \mathrm{d}\vec{S} = Q$$

可设球外电势来自三部分贡献

$$\varphi = -E_0 r\cos\theta + \frac{E_0 a^3}{r^2}\cos\theta + \frac{A}{r}$$

外场的贡献为

$$-E_0 r\cos\theta$$

球面感应电荷的贡献为

$$\frac{E_0 a^3}{r^2}\cos\theta$$

带电导体球的贡献为

$$\frac{A}{r}$$

则球上电荷面密度为

$$r=a, \quad \rho_S = D_n = \varepsilon_0 E_n = \varepsilon_0 E_r$$

式中：

$$E_r = -\frac{\partial \varphi}{\partial r} = E_0 \cos\theta + \frac{2E_0 a^3}{r^3}\cos\theta + \frac{A}{r^2}$$

$$r=0, \quad \rho_S = \varepsilon_0 3E_0 \cos\theta + A\frac{\varepsilon_0}{r^2}$$

球面上总电荷量为

$$Q = \int_0^\pi \rho_S 2\pi a^2 \sin\theta \mathrm{d}\theta = 4\pi\varepsilon_0 A$$

$$A = \frac{Q}{4\pi\varepsilon_0}$$

得

$$\varphi = -E_0 r\cos\theta + \frac{E_0 a^3}{r^2}\cos\theta + \frac{Q}{4\pi\varepsilon_0 r}$$

**10.** 证明：静电场的电位函数可以表示为

$$\phi(\vec{r}) = \int_V g(\vec{r},\vec{r}')\rho(\vec{r}')\mathrm{d}r' + \varepsilon_0 \oiint_S \left[ g(\vec{r},\vec{r}')\frac{\partial \phi}{\partial n'} - \phi \frac{\partial g(\vec{r},\vec{r}')}{\partial n'} \right]\mathrm{d}S'$$

(1) 简述式中各项的物理意义，分析上述三项各来自何种物理量的贡献。

(2) 如果 $\rho(\vec{r})$ 变为 $m\rho(\vec{r})$，则电位函数 $\phi(\vec{r})$ 是否为 $m\phi(\vec{r})$，为什么？

**解** 由格林公式第二公式：

$$\int_V (\psi \mathbf{\nabla}^2 \phi - \phi \mathbf{\nabla}^2 \psi)\mathrm{d}V = \oint_S \left( \psi \frac{\partial \phi}{\partial n} - \phi \frac{\partial \psi}{\partial n} \right)\mathrm{d}S$$

其中 $\phi$ 满足方程

$$\mathbf{\nabla}^2 \phi = -\frac{\rho}{\varepsilon_0}, \quad \mathbf{\nabla}^2 \psi = \mathbf{\nabla}^2 g = -\frac{1}{\varepsilon_0}\delta(\vec{r}-\vec{r}')$$

这里 $\psi = g(\vec{r},\vec{r}')$ 为格林函数，且 $g(\vec{r},\vec{r}') = g(\vec{r}',\vec{r})$。

将格林公式中的积分变量 $\vec{r}$ 改为 $\vec{r}'$，$g$ 中的 $\vec{r}$ 与 $\vec{r}'$ 互换得

$$\int_V \left[ g(\vec{r}',\vec{r}) \mathbf{\nabla}^2 \phi(\vec{r}') - \phi(\vec{r}') \mathbf{\nabla}'^2 g(\vec{r}',\vec{r}) \right]\mathrm{d}V'$$

$$= \oint_S \left[ g(\vec{r}',\vec{r}) \frac{\partial \phi(\vec{r}')}{\partial n'} - \phi(\vec{r}') \frac{\partial g(\vec{r}',\vec{r})}{\partial n'} \right]\mathrm{d}S'$$

上式等号左边第二项为

$$\frac{1}{\varepsilon_0} \int_V \phi(\vec{r}')\delta(\vec{r}'-\vec{r})\mathrm{d}V' = \frac{1}{\varepsilon_0}\phi(\vec{r})$$

将 $\phi$ 所满足的方程代入即得

$$\phi(\vec{r}) = \int_V g(\vec{r}',\vec{r})\rho(\vec{r}')\mathrm{d}V' + \varepsilon_0 \oiint_S \left[ g(\vec{r}',\vec{r}) \frac{\partial \phi}{\partial n'} - \phi(\vec{r}') \frac{\partial g(\vec{r}',\vec{r})}{\partial n'} \right]\mathrm{d}S'$$

(1) 第一项表示区域内体分布电荷对电位的贡献，第二项表示边界面电荷分布对区域内电位的贡献的叠加，第三项表示界面所有电偶极矩层在点 $r$ 的电位的叠加。

(2) 不是，因为电位函数还与边界面上的电荷和电偶极矩有关。

**11.** 设有无穷长的线电流 $I$ 沿 $z$ 轴流动,在 $z<0$ 的空间内充满磁导率为 $\mu$ 的均匀介质,$z>0$ 的区域为真空,试用唯一性定理求磁感应强度 $\vec{B}$,然后求出磁化电流分布。

**解** 设 $z>0$ 区域磁感应强度和磁场强度分别为 $\vec{B}_1$、$\vec{H}_1$;$z<0$ 区域磁感应强度和磁场强度分别为 $\vec{B}_2$、$\vec{H}_2$,由对称性可知 $\vec{H}_1$ 和 $\vec{H}_2$ 均沿 $\hat{e}_\varphi$ 方向。由于 $\vec{H}$ 的切向分量连续,所以 $\vec{H}_1=\vec{H}_2=H\hat{e}_\varphi$。由此得到 $\vec{B}_{1n}=\vec{B}_{2n}=0$,满足边值关系,由唯一性定理可知,该结果为唯一正确的解。

以 $z$ 轴上任意一点为圆心,以 $r$ 为半径作一圆周,则圆周上各点的 $\vec{H}$ 大小相等。根据安培环路定理得 $2\pi rH=I$,即 $H=I/2\pi r$,$\vec{H}_1=\vec{H}_2=I/2\pi r\hat{e}_\varphi$,所以 $\vec{B}_1=\mu_1 H\hat{e}_\varphi$,$\vec{B}_2=\mu_2 H\hat{e}_\varphi$。

在介质中,有

$$\vec{M}=\frac{\vec{B}_2}{\mu_0}-\vec{H}_2=\frac{I}{2\pi r}\left(\frac{\mu}{\mu_0}-1\right)\hat{e}_\varphi$$

所以,介质界面上的磁化电流密度为

$$\vec{J}_m=\vec{M}\times\hat{n}=\frac{I}{2\pi r}\left(\frac{\mu}{\mu_0}-1\right)\hat{e}_\varphi\times\hat{e}_z=\frac{I}{2\pi r}\left(\frac{\mu}{\mu_0}-1\right)\hat{e}_\rho$$

总的磁化电流为

$$I_m=\int_0^{2\pi}\frac{I}{2\pi r}\left(\frac{\mu}{\mu_0}-1\right)\hat{e}_\varphi\cdot r\mathrm{d}\varphi\hat{e}_\varphi=I\left(\frac{\mu}{\mu_0}-1\right)$$

电流在 $z<0$ 区域内,沿 $z$ 轴流向介质分界面。

**12.** 在很大的电解槽中充满电导率为 $\sigma_2$ 的液体,使其中流有均匀的电流 $\vec{J}_{f_0}$,今在液体中置入一个电导率为 $\sigma_1$ 的小球,求恒定电流分布和面电荷分布,讨论 $\sigma_1\gg\sigma_2$ 及 $\sigma_2\gg\sigma_1$ 两种情况的电流分布的特点。

**解** 本题虽然不是静电问题,但在电流达到稳定后,由于电流密度 $J_{f_0}$ 与电场强度 $E_0$ 成正比(比例系数为电导率),所以 $E_0$ 也是稳定的。这种电场也是无旋场,其电势也满足拉普拉斯方程,因而可以用静电场的方法对其进行求解。

根据欧姆定律和静电场的性质,引入电势函数,即 $\vec{J}=\sigma\vec{E}$,$\vec{E}=-\nabla\phi$。

以小球的球心为坐标原点,通过原点,平行 $\vec{E}$ 的方向为极轴,取球坐标,在稳恒电流条件下,$\partial\rho/\partial t=0$,则 $\nabla\cdot\vec{J}=0$,将 $\vec{J}=\sigma\vec{E}$ 及 $\vec{E}=-\nabla\phi$ 代入,得

$$\nabla\cdot\vec{J}=\nabla\cdot(\sigma\vec{E})=-\sigma\nabla^2\phi=0$$

因此球内、外 $\phi$ 所满足的方程为

$$r<a,\quad \nabla^2\phi_1=0$$
$$r>a,\quad \nabla^2\phi_2=0$$

边界条件①:$r\to\infty$,$\phi_2=-E_0 r\cos\theta(\vec{J}_{f_0}=\sigma_2\vec{E}_0)$

边界条件②:$r=a$,$\phi_1=\phi_2$

边界条件③:$r=a$,$\sigma_1\dfrac{\partial\phi_1}{\partial r}=\sigma_2\dfrac{\partial\phi_2}{\partial r}(J_{1n}=J_{2n})$

边界条件④:$r=0$,$\phi_1$ 有限

根据边界条件①,得

$$\phi_2 = -\frac{J_{f_0}}{\sigma_2}r\cos\theta + \sum_{l=0}^{\infty}\frac{B_l}{r^{l+1}}p_l\cos\theta$$

根据边界条件④，得

$$\phi_1 = \sum_{l=0}^{\infty}A_l r^l p_l\cos\theta$$

根据边界条件②，得

$$\sum_{l=0}^{\infty}A_l a^l p_l\cos\theta = -\frac{J_{f_0}}{\sigma_2}a\cos\theta + \sum_{l=0}^{\infty}\frac{B_l}{a^{l+1}}p_l\cos\theta$$

根据边界条件③，得

$$\sigma_1\sum_{l=0}^{\infty}l A_l a^{l-1}p_l\cos\theta = \sigma_2\left[-\frac{J_{f_0}}{\sigma_2}\cos\theta + \sum_{l=0}^{\infty}(l+1)\frac{B_l}{a^{l+2}}p_l\cos\theta\right]$$

比较上两式两边的系数得出如下结论。

当 $l=1$ 时，有

$$A_1 = -\frac{3J_{f_0}}{\sigma_1+2\sigma_2}$$

$$B_1 = \frac{\sigma_1-\sigma_2}{\sigma_1+2\sigma_2}\frac{J_{f_0}a^3}{\sigma_2}$$

当 $l\neq 1$ 时，有

$$A_l = 0$$

$$B_l = 0$$

则

$$\phi_1 = -\frac{3J_{f_0}}{\sigma_1+2\sigma_2}r\cos\theta = -\frac{3}{\sigma_1+2\sigma_2}\vec{J}_{f_0}\cdot\vec{r}$$

$$\phi_2 = -\frac{J_{f_0}r\cos\theta}{\sigma_2} + \frac{\sigma_1-\sigma_2}{\sigma_1+2\sigma_2}\frac{a^3}{\sigma_2}\frac{J_{f_0}\cos\theta}{r^2}$$

$$= -\frac{1}{\sigma_2}\vec{J}_{f_0}\cdot\vec{r} + \frac{\sigma_1-\sigma_2}{\sigma_1+2\sigma_2}\frac{a^3}{\sigma_2}\frac{J_{f_0}\cdot\vec{r}}{r^3}$$

球内电流密度为

$$\vec{J}_1 = \sigma_1\vec{E}_1 = -\sigma_1\nabla\phi_1 = \frac{3\sigma_1}{\sigma_1+2\sigma_2}\nabla(\vec{J}_{f_0}\cdot\vec{r}) = \frac{3\sigma_1}{\sigma_1+2\sigma_2}\vec{J}_{f_0}$$

$$\vec{J}_2 = \sigma_2\vec{E}_2 = -\sigma_2\nabla\phi_2 = \nabla(\vec{J}_{f_0}\cdot\vec{r}) - \frac{\sigma_1-\sigma_2}{\sigma_1+2\sigma_2}\frac{\sigma_2 a^3}{\sigma_2}\nabla\left(\frac{\vec{J}_{f_0}\cdot\vec{r}}{r^3}\right)$$

$$= \vec{J}_{f_0} - \frac{\sigma_1-\sigma_2}{\sigma_1+2\sigma_2}a^3\left[\frac{1}{r^3}\nabla(\vec{J}_{f_0}\cdot\vec{r}) + \nabla\frac{1}{r^3}(\vec{J}_{f_0}\cdot\vec{r})\right]$$

$$= \vec{J}_{f_0} + \frac{\sigma_1-\sigma_2}{\sigma_1+2\sigma_2}a^3\left[\frac{3(\vec{J}_{f_0}\cdot\vec{r})\vec{r}}{r^5} - \frac{\vec{J}_{f_0}}{r^3}\right]$$

面电荷密度为

$$r=a,\quad \rho_S = \hat{e}_r\cdot(\vec{D}_2-\vec{D}_1) = \hat{e}_r\cdot(\varepsilon_0\vec{E}_2-\varepsilon_0\vec{E}_1)$$

$$= \varepsilon_0\hat{e}_r\cdot\left(\frac{\vec{J}_2}{\sigma_2} = \frac{\vec{J}_1}{\sigma_1}\right)$$

$$=\frac{3(\sigma_1-\sigma_2)}{\sigma_1+2\sigma_2}\frac{\varepsilon_0}{\sigma_2}J_{f_0}\cos\theta$$

注意:导体中,稳恒电流情况下有 $\varepsilon=\varepsilon_0$。

因为导体内有

$$\vec{p}=0$$
$$\vec{p}=(\varepsilon-\varepsilon_0)\vec{E}=0$$

当稳恒电流时,$\vec{E}\neq0$,则得 $\varepsilon=\varepsilon_0$。

讨论如下。

(1) 当 $\sigma_1\gg\sigma_2$ 时,有

$$\frac{\sigma_1-\sigma_2}{\sigma_1+2\sigma_2}\approx1$$
$$\frac{3\sigma_1}{\sigma_1+2\sigma_2}\approx3$$
$$\vec{J}_1\approx3\vec{J}_{f_0}$$
$$\vec{J}_2\approx\vec{J}_{f_0}+a^3\left[\frac{3(\vec{J}_{f_0}\cdot\vec{r})\vec{r}}{r^5}-\frac{\vec{J}_{f_0}}{r^3}\right]$$

(2) 当 $\sigma_1\ll\sigma_2$ 时,有

$$\frac{\sigma_1-\sigma_2}{\sigma_1+2\sigma_2}\approx\frac{1}{2}$$
$$\frac{3\sigma_1}{\sigma_1+2\sigma_2}\approx0$$
$$\vec{\tau}_1\approx0$$
$$\vec{\tau}_2\approx\vec{J}_{f_0}+\frac{a^3}{2}\left[\frac{3(\vec{J}_{f_0}\cdot\vec{r})\vec{r}}{r^5}-\frac{\vec{J}_{f_0}}{r^3}\right]$$

**13.** 在接地的导体平面上有一半径为 $a$ 的半球凸部(见图4-1),半球的球心在导体平面上,点电荷 $Q$ 位于系统的对称轴上,并与平面相距为 $b(b>a)$,试用镜像方法求上半空间电位分布。

**解** 根据点电荷放置在无限大接地导体平板上空和放置在接地导体球上空,这两个模型,可确定三个镜像电荷的电量和位置(见图4-2):

$$Q_1=-\frac{a}{b}Q,\quad r=\frac{a^2}{b}\hat{e}_z$$
$$Q_2=\frac{a}{b}Q,\quad r=-\frac{a^2}{b}\hat{e}_z$$
$$Q_3=-Q,\quad r=-b\hat{e}_z$$

$$\varphi=\frac{Q}{4\pi\varepsilon_0}\left[\frac{1}{\sqrt{R^2+b^2-2Rb\cos\theta}}-\frac{1}{\sqrt{R^2+b^2+2Rb\cos\theta}}+\frac{a}{b\sqrt{R^2+\frac{a^4}{b^2}+2\frac{a^2}{b}R\cos\theta}}\right.$$

$$\left.+\frac{a}{b\sqrt{R^2+\frac{a^4}{b^2}-2\frac{a^2}{b}R\cos\theta}}\right],\quad 0\leqslant\theta<\frac{\pi}{2},\quad R>a$$

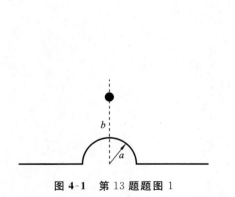

图 4-1　第 13 题题图 1　　　　　　图 4-2　第 13 题题图 2

14. 如图 4-3 所示,求解两同轴圆锥面之间区域内电场分布。已知外圆锥面的电位为零,内圆锥面的电位为 $V_0$,在两圆锥的顶点绝缘。

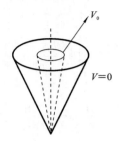

图 4-3　第 14 题题图

**解**　以圆锥顶点为原点,锥轴为极轴,取球坐标。由对称性可知,电势与方位角无关。由题目所给边界条件,电势与 $r$ 无关。因此电势函数满足的拉普拉斯方程 $\mathbf{V}^2\phi=0$ 在球坐标系中的展开式为

$$\mathbf{V}^2\phi=\frac{1}{r^2\sin\theta}\frac{\mathrm{d}}{\mathrm{d}\theta}\Big[\sin\theta\,\frac{\mathrm{d}\phi}{\mathrm{d}\theta}\Big]=0 \Rightarrow \frac{\mathrm{d}}{\mathrm{d}\theta}\Big[\sin\theta\,\frac{\mathrm{d}\phi}{\mathrm{d}\theta}\Big]=0$$

直接积分,并利用公式

$$\int\frac{\mathrm{d}x}{\sin x}=\ln\Big(\tan\frac{x}{2}\Big)+c$$

得到

$$\phi=A\ln\Big(\tan\frac{\theta}{2}\Big)+B$$

结合边界条件,得到如下结果。

当 $\theta=\theta_1$ 时,有

$$v_0=A\ln\Big(\tan\frac{\theta_1}{2}\Big)+B$$

当 $\theta=\theta_2$ 时,有

$$0=A\ln\Big(\tan\frac{\theta_2}{2}\Big)+B$$

$$A = \frac{v_0}{\ln\left(\tan\frac{\theta_1}{2}\right) - \ln\left(\tan\frac{\theta_2}{2}\right)}$$

$$B = -\frac{v_0 \ln\left(\tan\frac{\theta_2}{2}\right)}{\ln\left(\tan\frac{\theta_1}{2}\right) - \ln\left(\tan\frac{\theta_2}{2}\right)}$$

所以

$$\phi = \frac{v_0 \ln\left(\tan\frac{\theta}{2}\right) - v_0 \ln\left(\tan\frac{\theta_2}{2}\right)}{\ln\left(\tan\frac{\theta_1}{2}\right) - \ln\left(\tan\frac{\theta_2}{2}\right)}$$

$$\vec{E} = -\boldsymbol{\nabla}\phi = -\hat{e}_\theta \frac{1}{r}\frac{\partial\phi}{\partial\theta}$$

**15.** 介质的极化矢量为 $\vec{P}(\vec{r}\,')$，根据电偶极子静电位的公式，极化所产生的电位为 $\varphi = \frac{1}{4\pi\varepsilon_0}\int_V \frac{\vec{P}(\vec{r}\,')\cdot\vec{r}}{r^3}\mathrm{d}V'$。另外，根据极化电荷公式 $\rho_P = -\boldsymbol{\nabla}'\cdot\vec{P}(\vec{r}\,')$ 及 $\sigma_P = \hat{n}\cdot\vec{P}$，极化介质所产生的电势又可表示为

$$\varphi = -\int_V \frac{\boldsymbol{\nabla}'\cdot\vec{P}(\vec{r}\,')}{4\pi\varepsilon_0 r}\mathrm{d}V' + \oint_S \frac{\vec{P}(\vec{r}\,')\cdot\mathrm{d}\vec{S}'}{4\pi\varepsilon_0 r}$$

证明以上两式是等同的。

**证**　$\varphi = \frac{1}{4\pi\varepsilon_0}\int_V \frac{\vec{P}(\vec{r}\,')\cdot\vec{r}}{r^3}\mathrm{d}V' = \frac{1}{4\pi\varepsilon_0}\int_V \vec{P}(\vec{r}\,')\cdot\boldsymbol{\nabla}'\frac{1}{r}\mathrm{d}V'$

利用矢量恒等式

$$\boldsymbol{\nabla}'\cdot\left(\frac{1}{r}\vec{P}\right) = \frac{1}{r}\boldsymbol{\nabla}'\cdot\vec{P} + \boldsymbol{\nabla}'\frac{1}{r}\cdot\vec{P}$$

$$\varphi = \frac{1}{4\pi\varepsilon_0}\int_V \boldsymbol{\nabla}'\cdot\left(\frac{\vec{P}}{r}\right)\mathrm{d}V' - \frac{1}{4\pi\varepsilon_0}\int_V \frac{\boldsymbol{\nabla}'\cdot\vec{P}}{r}\mathrm{d}V'$$

$$= \frac{1}{4\pi\varepsilon_0}\oint_S \frac{\vec{P}}{r}\cdot\mathrm{d}\vec{S} - \frac{1}{4\pi\varepsilon_0}\int_V \frac{\boldsymbol{\nabla}'\cdot\vec{P}}{r}\mathrm{d}V'$$

其中利用了矢量场的高斯定理。

**16.** 用镜像方法求接地导体圆柱壳(半径为 $R$)内线电荷源在圆柱外部空间的电位。设线电荷密度为 $\rho_f$，位于半径为 $a(a<R)$ 圆柱空间内。

**解**　根据静电屏蔽，$r>R$，空间电势为 0，只要求 $r<R$ 的空间电势。设镜像电荷 $\rho_f'$ 与圆柱轴线平行，与柱轴距离为 $a'$，$a'>R$，则任意点电势为

$$\phi = -\frac{\rho_f}{2\pi\varepsilon_0}\ln r - \frac{\rho_f'}{2\pi\varepsilon_0}\ln r' + C$$

根据边界条件，$r=R$ 处，$\phi=0$，则有

$$-\frac{\rho_t}{4\pi\varepsilon_0}\ln(R^2 + a^2 - 2aR\cos\theta) - \frac{\rho_f'}{4\pi\varepsilon_0}\ln(R^2 + a'^2 - 2a'R\cos\theta) + C = 0$$

上式对任意 $\theta$ 都成立。柱面是等位面，在柱面上任意点 $E_t = 0$，上式对 $\theta$ 求导，有

$$\rho_f a(R^2 + a'^2 - 2Ra'\cos\theta) + \rho'_f a'(R^2 + a^2 - 2Ra\cos\theta) = 0$$

比较项的系数,得

$$\rho_f a(a'^2 + R^2) = -\rho'_f a'(a^2 + R^2)$$

$$\rho'_f = -\rho_f$$

则可解得

$$\rho'_f = -\rho_f, \quad a' = \frac{R^2}{a}$$

$$\rho'_f = -\rho_f, \quad a' = a \quad (舍去)$$

圆柱内任意点电位为

$$\phi = \frac{\rho_f}{2\pi\varepsilon_0}\ln\frac{r'}{r} + C$$

常数 $C$ 仍由边界条件确定,当 $\theta = 0, r = R$ 时,有

$$\phi = 0 = \frac{-\rho_f}{2\pi\varepsilon_0}\ln\frac{a}{R} + C$$

$$C = \frac{\rho_f}{2\pi\varepsilon_0}\ln\frac{a}{R}$$

$$\phi = \frac{\rho_f}{2\pi\varepsilon_0}\ln\frac{ar'}{Rr}$$

**17.** 接地空心导体球的内、外半径为 $R_1$ 和 $R_2$,在球内离球心为 $a(a<R_1)$ 处放置点电荷 $Q$(见图 4-4),用镜像方法求电势及导体球上的感应电荷,分析感应电荷分布情况。

如果导体球壳不接地,而是带总电荷 $Q_0$,或使其具有确定电势 $\varphi_0$,试求这两种情况的电势。$\varphi_0$ 与 $Q_0$ 是何种关系时,两种情况的解是相等的?

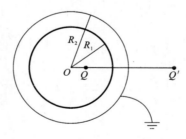

图 4-4 第 17 题题图

**解** 导体球接地,根据静电屏蔽,$r>R_1$,空间电势为零。感应电荷分布在导体内表面。

根据镜像方法,像电荷电量为

$$Q' = -\frac{R_1}{a}Q$$

像电荷到球心 $O$ 的距离为

$$a' = \frac{R_1^2}{a}$$

因此球内电势 $\varphi$ 为

$$\varphi = \frac{Q}{4\pi\varepsilon_0}\left(\frac{1}{r} - \frac{R_1}{a}\frac{1}{r'}\right), \quad R < R_1$$

$$\varphi = \frac{1}{4\pi\varepsilon_0}\left[\frac{Q}{\sqrt{R^2 + a^2 - 2Ra\cos\theta}} - \frac{\dfrac{R_1 Q}{a}}{\sqrt{R^2 + \dfrac{R_1^4}{a^2} - \dfrac{2R_1^2 R\cos\theta}{a}}}\right]$$

　　如果导体球壳不接地,球内电荷 $Q$ 和球的内表面感应电荷 $-Q$ 的总效果是使球壳电势为零。为使球壳总电量为 $Q_0$,只需满足球外表面电量为 $Q_0 + Q$ 即可。因此,导体球壳不接地而使球带总电荷 $Q_0$ 时,可将空间电势看作两部分的叠加,一是 $Q$ 与内表面的 $-Q$ 产生的电势 $\varphi_1$,二是外表面 $Q_0 + Q$ 产生的电势 $\varphi_2$。

$$\varphi_{1内} = \frac{1}{4\pi\varepsilon_0}\left[\frac{Q}{\sqrt{R^2 + a^2 - 2Ra\cos\theta}} - \frac{\dfrac{R_1 Q}{a}}{\sqrt{R^2 + \dfrac{R_1^4}{a^2} - \dfrac{2R_1^2 R\cos\theta}{a}}}\right], \quad R < R_1$$

$$\varphi_{1外} = 0, \quad R \geqslant R_1; \quad \varphi_{2内} = \frac{Q + Q_0}{4\pi\varepsilon_0 R_2}, \quad R < R_2$$

$$\varphi_{2外} = \frac{Q + Q_0}{4\pi\varepsilon_0 R}, \quad R \geqslant R_2$$

所以

$$\varphi = \frac{Q + Q_0}{4\pi\varepsilon_0 R}, \quad R \geqslant R_2$$

$$\varphi = \frac{Q + Q_0}{4\pi\varepsilon_0 R_2}, \quad R_1 \leqslant R \leqslant R_2$$

$$\varphi = \frac{1}{4\pi\varepsilon_0}\left[\frac{Q}{\sqrt{R^2 + a^2 - 2Ra\cos\theta}} - \frac{\dfrac{R_1 Q}{a}}{\sqrt{R^2 + R_1^4 - \dfrac{2R_1^2 R\cos\theta}{a}}} + \frac{Q + Q_0}{R_2}\right], \quad R \leqslant R_1$$

由以上过程可见,球面电势为 $(Q + Q_0)/4\pi\varepsilon_0 R_2$。

　　若已知球面电势 $\varphi_0$,可设导体球总电量为 $Q_0'$,则有

$$\frac{Q + Q_0'}{4\pi\varepsilon_0 R_2} = \varphi_0$$

即

$$\frac{Q + Q_0'}{4\pi\varepsilon_0} = \varphi_0 R_2$$

电势的解为

$$\varphi = \begin{cases} \dfrac{\varphi_0 R_2}{R}, & R \geqslant R_2 \\[2mm] \varphi_0, & R_1 \leqslant R \leqslant R_2 \\[2mm] \dfrac{1}{4\pi\varepsilon_0}\left[\dfrac{Q}{\sqrt{R^2 + a^2 - 2Ra\cos\theta}} - \dfrac{\dfrac{R_1 Q}{a}}{\sqrt{R^2 + \dfrac{R_1^4}{a^2} - \dfrac{2R_1^2 R\cos\theta}{a}}}\right] + \varphi_0, & R \leqslant R_1 \end{cases}$$

当 $\varphi_0$ 和 $Q_0$ 满足 $\varphi_0 = (Q+Q_0)/4\pi\varepsilon_0 R_2$ 时,两种情况的解相同。

**18.** 无穷大接地导体平面外有一电偶极矩 $\vec{P}$,$\vec{P}$ 到导体平面的距离为 $a$,与导体平面法线方向的夹角为 $\theta$,如图 4-5 所示。求电偶极矩 $\vec{P}$ 所受到的作用力。

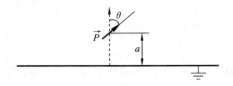

图 4-5 第 18 题题图

**解** 用镜像方法求解。因为导体平面电位为零,则设电偶极矩的像 $\vec{p}'$,则电偶极矩 $\vec{p}$ 所受到的力就由电偶极子 $\vec{p}$ 在外场 $\vec{E}'$ 的受力公式计算,$\vec{p}'$ 在 $\vec{p}$ 处所产生的电场为

$$\vec{E}' = -\nabla\phi' = -\frac{1}{4\pi\varepsilon_0}\nabla\left(\frac{\vec{p}'\cdot\vec{r}}{r^3}\right) = \frac{3(\vec{p}'\cdot\vec{r})\vec{r} - r^3\vec{p}'}{4\pi\varepsilon_0 r^5}$$

$$\vec{F} = (\vec{p}\cdot\nabla)\vec{E}' \quad (\text{该式将在后面予以证明})$$

$$= (\vec{p}\cdot\nabla)\left[\frac{3(\vec{p}'\cdot\vec{r})\vec{r} - r^2\vec{p}'}{4\pi\varepsilon_0 r^5}\right]$$

$$= \frac{3\vec{r}}{4\pi\varepsilon_0 r^5}(\vec{p}\cdot\nabla)(\vec{p}'\cdot\vec{r}) + \frac{3(\vec{p}'\cdot\vec{r})}{4\pi\varepsilon_0 r^5}(\vec{p}\cdot\nabla)\vec{r}$$

$$+ \frac{3(\vec{p}'\cdot\vec{r})\vec{r}}{4\pi\varepsilon_0 r^5}(\vec{p}\cdot\nabla) - \frac{\vec{p}'}{4\pi\varepsilon_0 r^3}(\vec{p}\cdot\nabla)$$

$$= \frac{3\vec{r}}{4\pi\varepsilon_0 r^5}(\vec{p}\cdot\vec{p}') + \frac{3(\vec{p}'\cdot\vec{r})}{4\pi\varepsilon_0 r^5}\vec{p}$$

$$- \frac{3(\vec{p}'\cdot\vec{r})\vec{r}}{4\pi\varepsilon_0}\frac{5(\vec{p}\cdot\vec{r})}{r^7} + \frac{\vec{p}'}{4\pi\varepsilon_0}\frac{3(\vec{p}\cdot\vec{r})}{r^5}$$

$$= \frac{3p^2\cos 2\alpha}{4\pi\varepsilon_0 r^5}\vec{r} + \frac{3p\cos\alpha}{4\pi\varepsilon_0 r^4}\vec{p} - \frac{15p^2\cos^2\alpha}{4\pi\varepsilon_0 r^5}\vec{r} + \frac{3p\cos\alpha}{4\pi\varepsilon_0 r^4}(\vec{p}+\vec{p}')$$

$$= \frac{3p^2(2\cos^2\alpha - 1)}{4\pi\varepsilon_0 r^5}\vec{r} - \frac{15p^2\cos^2\alpha}{4\pi\varepsilon_0 r^5}\vec{r} + \frac{3p\cos\alpha}{4\pi\varepsilon_0 r^4}(\vec{p}+\vec{p}')$$

因为 $\vec{p}+\vec{p}' = 2p\cos\alpha\hat{n}$,$r = 2a$,$\vec{r} = \hat{n}$。

$$\vec{F} = -\frac{3p^2(1+\cos^2\alpha)}{64\pi\varepsilon_0 a^4}\hat{n}$$

下面证明,在静电场中电偶极子的受力为

$$\vec{F} = (\vec{p}\cdot\nabla)\vec{E}(\vec{r}), \quad \vec{p} = q\,\mathrm{d}\vec{l}$$

电偶极子是一种电荷系统,在电场中它所受到的库仑力为

$$\vec{F} = \vec{F}_+(\vec{r}_+) + \vec{F}_-(\vec{r}_-) = q\vec{E}\left(\vec{r} + \frac{\mathrm{d}\vec{l}}{2}\right) - q\vec{E}\left(\vec{r} - \frac{\mathrm{d}\vec{l}}{2}\right)$$

在直角坐标中,有

$$\vec{F} = \hat{e}_x F_x + \hat{e}_y F_y + \hat{e}_z F_z$$

$$F_x = q\vec{E}_x\left(\vec{r} + \frac{\mathrm{d}\vec{l}}{2}\right) - q\vec{E}_x\left(\vec{r} - \frac{\mathrm{d}\vec{l}}{2}\right)$$

式中:$\mathrm{d}\vec{l}$ 很小($\mathrm{d}\vec{l}$ 是两正负电荷之间的距离),则在 $\dfrac{\mathrm{d}\vec{l}}{2}$ 附近展开。

$$\vec{E}_x\left(\vec{r}+\frac{\mathrm{d}\vec{l}}{2}\right)\approx q\left[E_x(\vec{r})+\frac{1}{2}\mathrm{d}\vec{l}\cdot\boldsymbol{\nabla}E_x(\vec{r})\right]$$

$$\vec{E}_x\left(\vec{r}-\frac{\mathrm{d}\vec{l}}{2}\right)\approx q\left[E_x(\vec{r})-\frac{1}{2}\mathrm{d}\vec{l}\cdot\boldsymbol{\nabla}E_x(\vec{r})\right]$$

将 $\vec{p}=q\mathrm{d}\vec{l}$ 代入,得

$$\vec{F}_x=\vec{p}\cdot\boldsymbol{\nabla}\vec{E}_x(\vec{r})$$

$$F_x=\hat{e}_x(\vec{p}\cdot\boldsymbol{\nabla}E_x)+\hat{e}_y(\vec{p}\cdot\boldsymbol{\nabla}E_y)+\hat{e}_z(\vec{p}\cdot\boldsymbol{\nabla}E_z)$$

$$=(\vec{p}\cdot\boldsymbol{\nabla})\vec{E}(\vec{r})=\boldsymbol{\nabla}[\vec{p}\cdot\vec{E}(\vec{r})]$$

**19.** 有一个内、外半径分别为 $R_1$ 和 $R_2$ 的空心球,位于均匀外磁场 $\vec{H}_0$ 内,球的磁导率为 $\mu$,求空腔内的场 $\vec{B}$,讨论 $\mu\gg\mu_0$ 时的磁屏蔽作用。

**解** 根据题意,以球心为原点,取球坐标,选取 $H_0$ 的方向为 $z$ 轴,在外场 $H_0$ 的作用下,空心球被磁化,产生一个附加磁场,并与原场相互作用,最后达到平衡,$\vec{B}$ 的分布呈轴对称。全空间磁标势力满足的拉普拉斯方程为

$$\boldsymbol{\nabla}^2\phi_m=0$$

边界条件①:$r=R_1$,$\phi_1=\phi_2$

边界条件②:$\mu_0\dfrac{\partial\phi_1}{\partial r}=\mu\dfrac{\partial\phi_2}{\partial r}$

边界条件③:$r=R_2$,$\phi_2=\phi_3$

边界条件④:$\mu\dfrac{\partial\phi_2}{\partial r}=\mu_0\dfrac{\partial\phi_3}{\partial r}$

当 $r=0$ 时,$\phi_1$ 有限;当 $r\to\infty$ 时,$\phi_3=-H_0r\cos\theta$。

通解形式为

当 $r<R_1$ 时,$\phi_1$ 有限,有

$$B_n=0$$

$$\phi_1=\sum A_nr^nP_n(\cos\theta)$$

当 $R_1<r<R_2$ 时,有

$$\phi_2=\sum\left[C_nr^n+D_nr^{-(n+1)}\right]P_n(\cos\theta)$$

当 $r>R_2$ 时,$r\to\infty$,$\phi_3=-H_0r\cos\theta$,有

$$\phi_3=-H_0r\cos\theta+\sum\frac{B'_n}{r^{n+1}}P_n(\cos\theta)$$

根据边界条件以确定系数。

由边界条件①~④得

$$\sum A_nR_1^nP_n(\cos\theta)=\sum\left[C_nR_1^n+\frac{D_n}{R_1^{n+1}}\right]P_n(\cos\theta)$$

$$\mu_0\sum A_nnR_1^{n-1}P_n(\cos\theta)=\sum\left[nC_nR_1^{n-1}-(n+1)\frac{D_n}{R_1^{n+2}}\right]P_n(\cos\theta)\mu$$

$$\sum \left[ C_n R_2^n + \frac{D_n}{R_2^{n+1}} \right] P_n(\cos\theta) = \sum \frac{B'_n}{R_2^{n+1}} P(\cos\theta) - H_0 R_2 \cos\theta$$

$$\mu \sum \left[ nC_n R_2^{n-1} - (n+1) \frac{D_n}{R_2^{n+2}} \right] P_n(\cos\theta) = \mu_0 \sum \left[ -(n+1) \frac{B'_n}{R_2^{n+2}} P_n(\cos\theta) - H_0 \cos\theta \right]$$

联立上式解得

$$A_n = B'_n = C_n = D_n = 0, \quad n \neq 1$$

$$A_1 = \frac{-9B_0\mu}{(2\mu_0+\mu)(\mu_0+2\mu) - 2\left(\frac{R_1}{R_2}\right)^3(\mu_0-\mu)^2}$$

$$C_1 = \frac{-3B_0(\mu_0+2\mu)}{(2\mu_0+\mu)(\mu_0+2\mu) - 2\left(\frac{R_1}{R_2}\right)^3(\mu_0-\mu)^2}$$

$$D_1 = \frac{3B_0(\mu_0-\mu)R_1^3}{(2\mu_0+\mu)(\mu_0+2\mu) - 2\left(\frac{R_1}{R_2}\right)^3(\mu_0-\mu)^2}$$

$$B_1' = \frac{(\mu-\mu_0)(\mu_0+2\mu)(R_2^3-R_1^3)H_0}{(2\mu_0+\mu)(\mu_0+2\mu) - 2\left(\frac{R_1}{R_2}\right)^3(\mu_0-\mu)^2}$$

得球内磁场

$$\vec{H}_1 = -\boldsymbol{\nabla}\phi_1 = -\boldsymbol{\nabla}(A_1 r\cos\theta) = -\boldsymbol{\nabla}(A_1 Z) = -A_1\hat{e}_z$$

$$\vec{B}_1 = \mu_0 \vec{H}_1 = -\mu_0 A_1 \hat{e}_z$$

当 $\mu \to \infty$ 时，进行如下讨论。

球层中：

$$\mu\phi_2 \approx -\frac{3B_0}{1-\left(\frac{R_1}{R_2}\right)^3}\left(\frac{R_1^3}{2r}+r\right)$$

$$\vec{B}_2 = -\boldsymbol{\nabla}(\mu\phi_2)$$

其值不等于零，而 $\vec{H}_2$ 趋于零。因为当 $\mu \to \infty$ 时，$b_1 \to 0$，$c_1 \to 0$。

在球层内：当 $\mu \to \infty$ 时，有

$$B_1 \approx \frac{-9B_0}{2\mu\left[1-\left(\frac{R_1}{R_2}\right)^3\right]} \approx 0$$

对于一定的 $\mu$ 和一定的 $R_1$（内体积），$R_2$ 越大即层越厚，其屏蔽越好。

**20.** 比较解析函数与静电场电位函数的性质，分析解析函数表示静电场的可能性。应用解析函数方法求无穷长接地矩形导体壳内单位线源的电位分布。

**解** 静态电势满足泊松方程和边界条件。解析方法是指以解析函数表达待求方程解的求解方法。根据唯一性定理，给定区域边界条件的泊松（含拉普拉斯）方程有唯一解。对于有唯一解的定解问题，无论我们采用什么方法，只要能够得到定解问题的解，唯一性将确保我们得到的解的正确性。因此我们可以采用解析函数求解静态电场问题。

由于导体无穷长，因此三维问题可以转换成二维问题。假设导体的横截面如图4-6所示，为长方形，长为 $a$，宽为 $b$，建立如图 4-6 所示的坐标系，假设单位线电荷所处位置

为$(x_0, y_0)$，则导体内电势满足的方程为

$$\nabla^2 G(x,y) = -\frac{1}{\varepsilon}\delta(x-x_0, y-y_0)$$

$$\begin{cases} x=0 \text{ 或 } a, y=0 \\ y=0 \text{ 或 } b, x=0 \end{cases} \quad G(x,y)=0$$

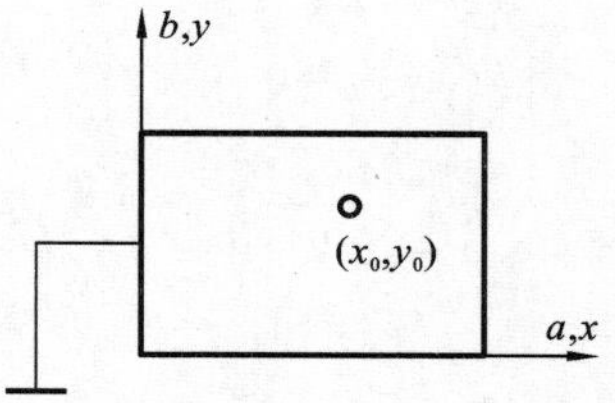


图 4-6　第 20 题题图

根据边界条件可以假设：$G(x,y) = \sum\limits_{n,m=1}^{\infty} A_{nm} \sin\frac{n\pi}{a}x \sin\frac{m\pi}{b}y$，代入泊松方程，有

$$\begin{aligned}\nabla^2 G(x,y) &= -\sum_{n,m=1}^{\infty} A_{nm}\left[\left(\frac{n\pi}{a}\right)^2 + \left(\frac{m\pi}{b}\right)^2\right]\sin\frac{n\pi x}{a}\sin\frac{m\pi y}{b} \\ &= -\frac{1}{\varepsilon}\delta(x-x_0, y-y_0)\end{aligned}$$

将冲激函数利用傅里叶变换，我们求得的系数为

$$A_{nm} = \frac{4\sin\frac{n\pi}{a}x_0 \sin\frac{m\pi}{b}y_0}{\varepsilon ab\left[\left(\frac{n\pi}{a}\right)^2 + \left(\frac{m\pi}{b}\right)^2\right]}$$

所以电势函数为

$$G(x,y) = \sum_{n,m=1}^{\infty} \frac{4\sin\frac{n\pi}{a}x_0 \sin\frac{m\pi}{b}y_0 \sin\frac{n\pi}{a}x \sin\frac{m\pi}{b}y}{\varepsilon ab\left[\left(\frac{n\pi}{a}\right)^2 + \left(\frac{m\pi}{b}\right)^2\right]}$$

**21.** 静态电磁场的唯一性定理认为：在某区域内静电势满足泊松方程，在区域的边界满足边界条件：位函数连续，或位函数法向微分跃变，或边界的一部分位函数连续而其余部分位函数法向微分跃变，则在区域内有唯一解。请证明静态电磁场的唯一性定理。

**证**　根据唯一性定理，我们可以把电势函数满足的泊松方程和边界写成

$$\begin{cases} \nabla^2 \phi(\vec{r}) = -\dfrac{\rho(\vec{r})}{\kappa} \\ \begin{cases} \phi(\vec{r})\big|_S = \psi(\vec{M}) \text{ 或 } \left.\dfrac{\partial\phi(\vec{r})}{\partial n}\right|_S = \xi(\vec{M}) \\ \text{或}\begin{cases} \phi(\vec{r})\big|_{S_1} = \psi(\vec{M}) \\ \left.\dfrac{\partial\phi(\vec{r})}{\partial n}\right|_{S_2} = \xi(\vec{M}) \end{cases} \end{cases} \\ S = S_1 \cup S_2 \end{cases}$$

我们用反证法证明上述唯一性定理。为此设定解问题方程有两个不同的解 $\phi_1(\vec{r})$ 和 $\phi_2(\vec{r})$，它们在区域 $V$ 内满足泊松方程，在区域的边界满足边界条件。如果令

$$\phi(\vec{r}) = \phi_2(\vec{r}) - \phi_1(\vec{r})$$

则 $\phi(\vec{r})$ 在区域 $V$ 内满足拉普拉斯方程，在区域边界上满足齐次边界条件，即

$$\begin{cases} \mathbf{\nabla}^2 \phi(\vec{r}) = 0 \\ \phi(\vec{r})\big|_S = 0 \\ \text{或}\ \left[\dfrac{\partial \phi(\vec{r})}{\partial n}\right]_S = 0 \\ \text{或}\ \begin{cases} \phi(\vec{r})\big|_{S_1} = 0 \\ \left[\dfrac{\partial \phi(\vec{r})}{\partial n}\right]_{S_2} = 0 \end{cases} \\ S = S_1 \bigcup S_2 \end{cases}$$

进一步假设 $u(\vec{r}) = \phi(\vec{r})$，$v(\vec{r}) = \kappa \phi(\vec{r})$，$\kappa$ 为常数，对其应用格林公式

$$\oiint\limits_S (u \mathbf{\nabla} v) \cdot \mathrm{d}\vec{S} = \iiint\limits_V (\mathbf{\nabla} u \cdot \mathbf{\nabla} v + u \mathbf{\nabla}^2 v) \mathrm{d}V$$

得到

$$\kappa \oiint\limits_S (\phi \mathbf{\nabla} \phi) \cdot \mathrm{d}\vec{S} = \kappa \iiint\limits_V (\mathbf{\nabla} \phi \cdot \mathbf{\nabla} \phi + \phi \mathbf{\nabla}^2 \phi) \mathrm{d}V$$

考虑到在界面上 $\phi = 0$ 和 $\dfrac{\partial \phi}{\partial n} = 0$，上式左边为

$$\kappa \oiint\limits_S (\phi \mathbf{\nabla} \phi) \cdot \mathrm{d}\vec{S} = \kappa \oiint\limits_S \left( \phi \dfrac{\partial \phi}{\partial n} \right) \mathrm{d}\vec{S} = 0$$

而等式右边为

$$\kappa \iiint\limits_V (\mathbf{\nabla} \phi \cdot \mathbf{\nabla} \phi + \phi \mathbf{\nabla}^2 \phi) \mathrm{d}V = \kappa \iiint\limits_V |\mathbf{\nabla} \phi|^2 \mathrm{d}V = 0 \Rightarrow \mathbf{\nabla} \phi = 0 \Rightarrow \phi = C$$

下面我们分别针对不同边界条件讨论常数 $C$ 的取值。对于第一类齐次边界条件 $\phi(\vec{r})\big|_S = 0$，很容易得到 $\phi = C = 0$，故在整个空间区域 $V$ 内得到 $\phi_1(\vec{r}) = \phi_2(\vec{r})$。当边界为第二类齐次边界条件时，理论上 $\phi_2(\vec{r})$ 与 $\phi_1(\vec{r})$ 可以有一常数之差，但只要 $\phi_1(\vec{r})$ 与 $\phi_2(\vec{r})$ 选取空间同一点作为位函数的参考点，区域 $V$ 内 $\phi_1(\vec{r}) = \phi_2(\vec{r})$ 仍然成立，从而证明了定解问题方程之解的唯一性。

**22.** 证明：均匀介质空间中导体电位与其带电量 $Q$ 之比为常数。

**证** 设导体带电量为 $Q_1$ 时，电位为 $\varphi_1$，带电量为 $Q_2$ 时，电位为 $\varphi_2$，根据电位与电场的关系，并令 $\mathrm{d}L_1 = \mathrm{d}L_2$，有

$$\phi_1 = \int_A^{\infty} \vec{E}_1 \cdot \mathrm{d}\vec{L}_1, \quad \phi_2 = \int_A^{\infty} \vec{E}_2 \cdot \mathrm{d}\vec{L}_2$$

因为

$$\mathrm{d}\vec{L}_1 = \mathrm{d}\vec{L}_2$$

所以

$$\int_A^\infty \left( \frac{\vec{E_1}}{\varphi_1} - \frac{\vec{E_2}}{\varphi_2} \right) \cdot \mathrm{d}\vec{L} = 0$$

$$\frac{\vec{E_1}}{\varphi_1} = \frac{\vec{E_2}}{\varphi_2}$$

$$\frac{1}{\varphi_1} \oiint_S \vec{E}_1 \cdot \mathrm{d}\vec{S} = \frac{1}{\varphi_2} \oiint_S \vec{E}_2 \cdot \mathrm{d}\vec{S}$$

$$\frac{Q_1}{\varphi_1} = \frac{Q_2}{\varphi_2}$$

**23.** 证明:接地的封闭导体球壳内的电荷不影响外部电场。

**证** 根据唯一性定理,对导体壳外区域而言,封闭导体壳的外表面为其边界面。无论壳内电荷如何变化,由于导体壳接地,边界面电势为零,外表面不带电。因此外部电势的边界条件不变,可知壳外电势和电场保持不变。

**24.** 第一类边界条件的格林函数的物理意义是什么?

**解** 格林函数满足的方程和第一类边界条件为

$$\nabla^2 G(\vec{r}, \vec{r}') = -\frac{1}{k} \delta(\vec{r} - \vec{r}')$$

$$G(\vec{r}, \vec{r}')|_S = 0$$

格林函数的物理意义是:接地导体壳内单位点电荷在球壳内产生的电位。

**25.** 镜像方法的基本思想是什么?

**解** 方程的求解最终归结为求边界感应电荷产生的电位。为了得到感应电荷及其产生的电位,人们试图寻找一个或者多个想象的点电荷来等效边界面上感应电荷的贡献,这个想象的一个或者多个点电荷称为像电荷,其对应的求解方法称为镜像方法。

**26.** 一个点电荷 $q$ 与无限大导体平面的距离为 $d$,受到的电场力为多少? 如果把点电荷 $q$ 移至无穷远处,需要做多少功?

**解** 假设平板的法线方向为 $x$,向上为正。电场力来自于导体板上的感应电荷。根据镜像方法,感应电荷为 $-q$,离导体平面的距离也为 $x = -d$,因此电场力为

$$\vec{F} = \hat{e}_x \frac{q^2}{4\pi \varepsilon_0 (2d)^2} = \hat{e}_x \frac{q^2}{16\pi \varepsilon_0 d^2}$$

移动点电荷 $q$ 时,外力需要克服电场力做功,其值为

$$W = -\int_d^\infty qE \, \mathrm{d}x = -\int_d^\infty \frac{q^2}{4\pi \varepsilon_0 (2x)^2} \mathrm{d}x = \frac{q^2}{16\pi \varepsilon_0 d}$$

**27.** 如图 4-7 所示,相互垂直的半无穷大的接地导体平面之间放置点电荷 $q$,求镜电荷的大小和位置。

**解** 两平面之间($x > 0$,$z > 0$)的电势所满足的泊松方程和边界条件为

$$\begin{cases} \nabla^2 G(\vec{r}, \vec{r}') = -\frac{1}{\varepsilon_0} \delta(\vec{r} - \vec{r}'), & x > 0, z > 0 \\ G\Big|_{\substack{x=0, z \geqslant 0 \\ z=0, x \geqslant 0}} = 0 \end{cases}$$

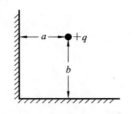

图 4-7  第 27 题题图 1

根据镜像方法,可以找到三个镜像点,如图 4-8 所示,满足方程和边界条件,这样才能保证在导体板的电势为零。

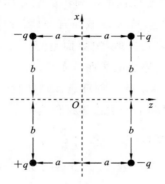

图 4-8  第 27 题题图 2

所以 $x>0$ 和 $z>0$ 空间内任意一点 $(x,y,z)$ 的电势为这四个电荷在该点的电势和为

$$G = \frac{1}{4\pi\varepsilon_0}\frac{1}{\sqrt{(x-b)^2+y^2+(z-a)^2}} - \frac{1}{4\pi\varepsilon_0}\frac{1}{\sqrt{(x+b)^2+y^2+(z-a)^2}}$$
$$+ \frac{1}{4\pi\varepsilon_0}\frac{1}{\sqrt{(x+b)^2+y^2+(z+a)^2}} - \frac{1}{4\pi\varepsilon_0}\frac{1}{\sqrt{(x-b)^2+y^2+(z+a)^2}}$$

# 5

# 时变电磁场

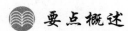 要点概述

随时间变化的电磁场为时变电磁场。本章主要总结时变电磁场的基本性质和基本理论。其内容包括时变电磁场的波动方程、势函数及规范变换概念、推迟势及其意义、能量传输与坡印廷定理、时变电磁场求解的主要问题和时谐电磁场概念及应用。

## 5.1  时变电磁场的波动方程

在线性均匀、各向同性的时不变介质中,时变电磁场的波动方程为

$$
\begin{cases}
\mathbf{\nabla}^2 \vec{E}(\vec{r},t) - \varepsilon\mu\dfrac{\partial^2 \vec{E}(\vec{r},t)}{\partial t^2} = \mu\dfrac{\partial \vec{J}(\vec{r},t)}{\partial t} + \mathbf{\nabla}\left(\dfrac{\rho(\vec{r},t)}{\varepsilon}\right) \\[4mm]
\mathbf{\nabla}^2 \vec{H}(\vec{r},t) - \varepsilon\mu\dfrac{\partial^2 \vec{H}(\vec{r},t)}{\partial t^2} = -\mathbf{\nabla}\times\vec{J}(\vec{r},t)
\end{cases}
$$

## 5.2  时变电磁场的势函数

(1) 时变电磁场和磁矢势 $\vec{A}(\vec{r},t)$、电标势 $\phi(\vec{r},t)$ 之间的关系为

$$
\vec{B}(\vec{r},t)=\mathbf{\nabla}\times\vec{A}(\vec{r},t), \quad \vec{E}(\vec{r},t)=-\mathbf{\nabla}\phi(\vec{r},t)-\frac{\partial \vec{A}(\vec{r},t)}{\partial t}
$$

注意时变电磁场和势函数并不一一对应:因为磁矢势的散度可以任意,电势函数的零参考电位点任意,从而使得 $[\vec{A},\phi]$ 与 $[\vec{E},\vec{B}]$ 存在非唯一对应关系,须通过规范约定使其成为唯一对应关系。

(2) 两种常用规范的定义如下。

库仑规范:$\mathbf{\nabla}\cdot\vec{A}(\vec{r},t)=0$,在线性均匀、各向同性的时不变介质中,势函数的波动方程为

$$\begin{cases} \mathbf{\nabla}^2\phi(\vec{r},t)=-\dfrac{\varrho(\vec{r},t)}{\varepsilon} \\[2mm] \mathbf{\nabla}^2\vec{A}(\vec{r},t)-\varepsilon\mu\dfrac{\partial^2\vec{A}(\vec{r},t)}{\partial t^2}=-\mu\vec{J}(\vec{r},t)+\varepsilon\mu\dfrac{\partial}{\partial t}(\mathbf{\nabla}\phi(\vec{r},t)) \end{cases}$$

洛伦兹规范：$\mathbf{\nabla}\cdot\vec{A}(\vec{r},t)+\varepsilon\mu\dfrac{\partial\phi(\vec{r},t)}{\partial t}=0$，在线性均匀、各向同性的时不变介质中，势函数波动方程为

$$\begin{cases} \mathbf{\nabla}^2\phi(\vec{r},t)+\varepsilon\mu\dfrac{\partial^2\phi(\vec{r},t)}{\partial t^2}=-\dfrac{\varrho(\vec{r},t)}{\varepsilon} \\[2mm] \mathbf{\nabla}^2\vec{A}(\vec{r},t)-\varepsilon\mu\dfrac{\partial^2\vec{A}(\vec{r},t)}{\partial t^2}=-\mu\vec{J}(\vec{r},t) \end{cases}$$

（3）不同的规范条件下势函数满足如下关系：

$$\begin{cases} \vec{A}'(\vec{r},t)=\vec{A}(\vec{r},t)+\mathbf{\nabla}\psi(\vec{r},t) \\[2mm] \phi'(\vec{r},t)=\phi(\vec{r},t)-\dfrac{\partial\psi(\vec{r},t)}{\partial t} \end{cases}$$

不同规范条件下的势函数可以通过上述关系进行变换，其物理量和规律具有不变性。

## 5.3　推迟势的物理意义

求得无界空间磁矢势的解为推迟势，即

$$\vec{A}(\vec{r},t)=\frac{\mu}{4\pi}\iiint\limits_{V}\vec{J}\left(\vec{r}\,',t-\frac{|\vec{r}-\vec{r}\,'|}{v}\right)\frac{\mathrm{d}V'}{|\vec{r}-\vec{r}\,'|}$$

其意义为空间 $\vec{r}$ 点 $t$ 时刻的磁矢势，是源区 $\vec{r}'$ 点、较早时刻电流源 $\vec{J}(\vec{r}',t')$，经 $\Delta t=t-t'=|\vec{r}-\vec{r}'|v^{-1}$ 时间（延迟）传播到达 $r$ 的影响的叠加。

## 5.4　时变电磁场的坡印廷定理

闭合空间区域 $V$ 内电磁场能量守恒和转化的关系式，又称为坡印廷定理：

$$\frac{\mathrm{d}}{\mathrm{d}t}w(\vec{r},t)=\vec{H}(\vec{r},t)\cdot\frac{\partial\vec{B}(\vec{r},t)}{\partial t}+\vec{E}(\vec{r},t)\cdot\frac{\partial\vec{D}(\vec{r},t)}{\partial t}$$

$\vec{S}$ 为坡印廷矢量，又称为能量流密度矢量，其定义式为

$$\vec{S}(\vec{r},t)=\vec{E}(\vec{r},t)\times\vec{H}(\vec{r},t)$$

电磁场能量密度的表达式为

$$\frac{\partial}{\partial t}w(\vec{r},t)=\left[\vec{H}\cdot\frac{\partial\vec{B}}{\partial t}+\vec{E}\cdot\frac{\partial\vec{D}}{\partial t}\right]$$

对于线性、均匀、各向同性介质，时变电磁场的能量密度为

$$w(\vec{r},t)=\frac{1}{2}(\mu\vec{H}^2+\varepsilon\vec{E}^2)$$

时变电磁场能量通过电磁波传播。

## 5.5 时变电磁场唯一性定理

闭合区域 $V$ 内,如果初始时刻 $t=t_0$,电磁场 $\vec{E}(\vec{r},t_0)$、$\vec{H}(\vec{r},t_0)$ 已知;当 $t \geqslant t_0$ 时,在区域边界上电场或磁场切向分量已知,或一部分区域边界面的电场、剩余边界面的磁场切向分量已知;当 $t > t_0$ 时,区域 $V$ 内存在唯一电磁场。

## 5.6 时变电磁场求解问题

(1) 求解时变电磁场的波动方程所面临的基本问题为:电流源、电荷源、初始状态和边界状态无法准确表达,介质的电磁特性参数可能为空间、时间的函数。

(2) 时变介质空间的时变电磁场表示不同频率时谐电磁场的叠加,即

$$\begin{cases} \vec{E}(\vec{r},t) = \dfrac{1}{\sqrt{2\pi}} \int_{-\infty}^{\infty} \vec{E}(\vec{r},\omega) \mathrm{e}^{\mathrm{j}\omega t}\, \mathrm{d}\omega \\[2mm] \vec{H}(\vec{r},t) = \dfrac{1}{\sqrt{2\pi}} \int_{-\infty}^{\infty} \vec{H}(\vec{r},\omega) \mathrm{e}^{\mathrm{j}\omega t}\, \mathrm{d}\omega \end{cases}$$

被积函数为简谐电磁场,积分区域(频谱宽度)由具体电磁场问题频谱确定。因此,可以将非均匀时变介质空间的时变电磁场转化为均匀非时变介质中时谐电磁场问题求解。

## 5.7 时谐电磁场

时谐电磁场麦克斯韦方程组
$$\nabla \cdot \vec{D}(\vec{r},\omega) = \rho(\vec{r},\omega)$$
$$\nabla \times \vec{E}(\vec{r},\omega) = -\mathrm{j}\omega \vec{B}(\vec{r},\omega)$$
$$\nabla \cdot \vec{B}(\vec{r},\omega) = 0$$
$$\nabla \times \vec{H}(\vec{r},\omega) = \vec{J}(\vec{r},\omega) + \mathrm{j}\omega \vec{D}(\vec{r},\omega)$$

时谐电磁场的势函数满足的亥姆霍兹方程为
$$\begin{cases} \nabla^2 \vec{A}(\vec{r}) + k^2(\omega)\vec{A}(\vec{r}) = -\mu(\omega)\vec{J}(\vec{r}) \\[2mm] \nabla^2 \varphi(\vec{r}) + k^2(\omega)\varphi(\vec{r}) = -\dfrac{1}{\varepsilon(\omega)}\rho(\vec{r}) \end{cases}, \quad k(\omega) = \omega\sqrt{\varepsilon(\omega)\mu(\omega)}$$

时谐电磁场的唯一性定理:给定区域边界电场或磁场切向分量(或部分边界电场、其余边界磁场切向分量)的时谐电磁场有唯一解。

## 5.8 电磁波频谱结构及其主要特点

(1) 按照电磁波应用和传播的特点,将电磁波频谱划分为若干频段。每个频段内的

电磁波的产生、发射、传播特点相似,与介质的相互作用特性也相近,因此应用领域相似。

(2) 无线电波、红外线、可见光、紫外线、γ射线等都是电磁波。根据波长或频率大小顺序进行排列,即得电磁波频谱。频率越低,波长越长,波动越明显;频率越高,波长越短,粒子性越明显。

## ◈ 基本要求

能推导线性、均匀、各向同性的时不变介质中的时变电磁场的波动方程,理解时变电磁场与磁矢势和电势函数的关系,能推导不同规范条件下势函数的波动方程。理解坡印廷定理的物理意义,明确坡印廷矢量描述的电磁能量的传输问题,应用它分析电磁能量的传输。了解时变和时谐电磁场的唯一性定理。掌握时谐电磁场的复数表示方法、复数形式的麦克斯韦方程组和波动方程。了解有耗介质的特性参数,掌握平均坡印廷矢量等物理概念。

## 思考与练习题 5

**1.** 时变电磁场问题比静态电磁场问题复杂,导致复杂性的主要原因是什么?

**解** 导致这种复杂性的原因在于时变电磁场之间相互激发而使场具有波动特性。波动特性导致时变电磁场在叠加过程中不仅要考虑场矢量的方向,同时还要考虑波动相位叠加的影响。时变电磁场与介质相互作用,导致介质的极化、磁化和传导等特性随时间和空间而变,使介质呈现出复杂的色散特性等。时变电磁场的初始条件和边界条件极其复杂。这些都是导致时变电磁场问题更为复杂的原因。

**2.** 试分析势函数$[\vec{A},\varphi]$非唯一性的原因,并说明如何使得势函数唯一。

**解** 根据亥姆霍兹定理,在边界条件已知的情况下,只有当矢量的旋度和散度唯一确定,矢量才唯一确定。但引入磁矢势$\vec{A}(\vec{r},t)$时,其旋度通过$\vec{B}(\vec{r},t)=\nabla\times\vec{A}(\vec{r},t)$确定,其散度则可以任意,因此磁矢势函数并不唯一确定。电势标量函数的零参考电势点也没有确定,所以电势并不唯一确定。这意味着空间同一时变电磁场有多组可能的势函数与之对应。

为了使得势函数唯一,必须给$\nabla\cdot\vec{A}(\vec{r},t)$以某种约定,并定义零参考电势点,使磁矢势和电势确定,从而建立势函数$[\vec{A},\phi]$与$[\vec{E},\vec{B}]$之间一一对应的关系,我们常用的有库仑规范($\nabla\cdot\vec{A}(\vec{r},t)=0$)和洛伦兹规范($\nabla\cdot\vec{A}(\vec{r},t)+\varepsilon\mu\frac{\partial\varphi(r,t)}{\partial t}=0$)。

**3.** 何谓规范及规范变换? 为什么规范变换下电磁场和方程保持不变性?

**解** 规范指的是一种约束条件,在这种规范下得到的势函数$[\vec{A},\phi]$与场函数$[\vec{E},\vec{B}]$之间存在一一对应的关系。

不同规范下的势函数能够描述同一电磁场,这意味着不同规范的势函数之间必然存在某种联系,不同规范的势函数可以通过这种联系进行相互变换,称为规范变换。

当势函数进行规范变换时,其所描述的物理量及其所遵循的物理规律应保持不变,这种不变性称为规范不变性。由于物理量及其所遵循的规律是客观事实,不因描述的方式(约束条件)不同而异,所以规范变换下电磁场和方程保持不变。

**4.** 简述推迟势的物理意义,推迟势说明了波动的什么特性?

**解** 推迟势表明波源的影响以有限的速度传播,且需要一定时间的推迟才能到达观察点。

特性:推迟势说明了波的运动特性,说明源的影响以球面波的形式向四周传播且其影响强度随着传播距离 $|\vec{r}-\vec{r}'|$(表示观察点至源点的距离)的增加而减小。

**5.** 简述坡印廷定理的物理意义,分析时变电磁场的能量传输形式。

**解** 坡印廷定理从场的观点表示闭合空间内电磁场能量守恒和转化的关系,即单位时间内,通过曲面 $S$ 进入体积 $V$ 的电磁能量等于体积 $V$ 中所增加的电磁场能量和损耗能量之和。

电磁场的能量按照电磁场的运动规律(波)传播,这对广播、通信和雷达等应用领域的人员是不难理解的,因为广播、通信和雷达以电磁波的运动速度传送信号能量。但在恒定电流或低频交流电的情况下,能量往往通过电流、电压及负载阻抗等参数表现,表面上给人造成能量是通过电荷在导线内运动传输能量的假象。

**6.** 什么是时谐电磁场?为什么时谐电磁场不需要初始条件?

**解** 如果场源以一定的角频率随时间呈时谐(正弦或余弦)变化,则所产生电磁场也以同样的角频率随时间呈时谐变化,这种以一定角频率进行时谐变化的电磁场,即时谐电磁场或者正弦电磁场。

时谐电磁场随时间变化明确可知,且电磁场从无穷远的过去到无穷远的未来做时谐变化,因此时谐电磁场的求解不需要初始条件。

**7.** 描述时谐电磁场的主要物理量是什么?从通信的功能出发,分析单一频率时谐电磁场在通信中有无应用的可能性?

**解** 时谐电磁场的主要物理量有 $\vec{E}(\vec{r},\omega)$、$\vec{D}(\vec{r},\omega)$、$\vec{H}(\vec{r},\omega)$、$\vec{B}(\vec{r},\omega)$、$\rho(\vec{r},\omega)$ 及 $\vec{J}(\vec{r},\omega)$。单一频率的时谐电磁场在通信中存在应用的可能性,如通信、雷达、导航及定位等电磁波的应用中,其信号包含的频率总局限在某个中心频率的邻域内,且由于频率范围小,介质特性参数随频域变化小,可以将其视为时谐电磁场近似。

**8.** 为什么确定性时变电磁场的求解可以归结为时谐电磁场的求解?

**解** 按照傅里叶的观点,任何时变磁场信号,都可以表示为不同频率、不同振幅和不同初始相位的谐变电磁场信号的叠加。也就是说,任意时变电磁场均由不同频率的时谐电磁场叠加构成,即所有频率的时谐电磁场构成了时变电磁场的完备系。而确定频率的谐变电磁场问题的求解已归纳为相应边界条件下亥姆霍兹方程的求解。因此我们可以不必直接求解时变电磁场的问题,而是首先求解单一频率谐变电磁场的问题,然后通过傅里叶逆变换获得一般时变电磁场的求解。

**9.** 什么是电磁波的频谱?为什么说电磁波频谱是人类十分宝贵资源?

**解** 根据波长或频率大小顺序进行排列,即得电磁波频谱。频率越低,波长越长,波动越明显;频率越高,波长越短,粒子性越明显。无线电波、红外线、可见光、紫外线、$\gamma$ 射线等都是电磁波。$3 \sim 300\,GHz$ 的无线电波频段,是当今电子与信息技术应用极其广泛的频段。

**10.** 证明:时谐电磁场唯一性定理。

**证**　时谐电磁场唯一性定理表述如下:闭合区域 $V$ 内,给定有耗介质空间区域边界电场或磁场切向分量,或部分边界电场、其余边界磁场切向分量,区域内时谐电磁场有唯一解。

用反证法,假设有两组解 $[\vec{E}_1 , \vec{H}_1]$ 和 $[\vec{E}_2 , \vec{H}_2]$ 在闭合区域 $V$ 内满足条件。根据麦克斯韦方程组的线性叠加原理,两组解 $[\vec{E}_1 , \vec{H}_1]$ 与 $[\vec{E}_2 , \vec{H}_2]$ 之差

$$\vec{E} = \vec{E}_1 - \vec{E}_2$$
$$\vec{H} = \vec{H}_1 - \vec{H}_2$$

仍是麦克斯韦方程组的解,且在 $V$ 边界上的切向分量为零。

为简单起见,假设区域内为线性、均匀介质,对区域 $V$ 应用坡印廷定理:

$$-\oiint\limits_{S} (\vec{E} \times \vec{H}^*) \cdot d\vec{S} = j\omega \iiint\limits_{V} [\mu(\omega)\vec{H}^* \cdot \vec{H} - \varepsilon(\omega)\vec{E} \cdot \vec{E}^*]dV + \iiint\limits_{V} \sigma \vec{E} \cdot \vec{E}^* \, dV$$

该式左边为零,因为在区域边界上电场 $(\hat{n} \times \vec{E})|_s = 0$ 或磁场的切向分向 $(\hat{n} \times \vec{H})|_s = 0$,或一部分边界电场切向分量 $(\hat{n} \times \vec{E})|_{s_1} = 0$,其余边界磁场切向分量 $(\hat{n} \times \vec{H})|_{s_2} = 0$,从而得到如下方程:

$$-j\omega \iiint\limits_{V} [\mu(\omega)\vec{H}^* \cdot \vec{H} - \varepsilon(\omega)\vec{E} \cdot \vec{E}^*]dV = \iiint\limits_{V} \sigma \vec{E} \cdot \vec{E}^* \, dV$$

该式左边为穿过闭合曲面 $S$ 进入区域 $V$ 的虚功率;该式右边为实功率,为区域内介质的损耗(包括极化损耗、磁化损耗、传导损耗)。因此该式两边均为零,因而 $E = H = 0$,故

$$E_1 = E_2 , \quad H_1 = H_2$$

从而证明了时谐电磁场的唯一性定理。

**11.** 若把麦克斯韦方程组的所有矢量都分解为无旋(纵场)和无散(横场)两部分,导出 $\vec{E}$ 和 $\vec{B}$ 的这两部分在真空中所满足的方程式,并证明电场的无旋部分对应于库仑场。

**解**　首先将电磁场分为两部分

$$\vec{E} = \vec{E}_L + \vec{E}_T \tag{5-1}$$
$$\vec{B} = \vec{B}_L + \vec{B}_T \tag{5-2}$$
$$\vec{J} = \vec{J}_L + \vec{J}_T \tag{5-3}$$

式中:$L$ 为无旋纵场;$T$ 为无散横场,所以有

$$\nabla \times \vec{E}_L = 0 \tag{5-4}$$
$$\nabla \times \vec{B}_L = 0 \tag{5-5}$$
$$\nabla \times \vec{J}_L = 0 \tag{5-6}$$
$$\nabla \cdot \vec{E}_T = 0 \tag{5-7}$$

$$\nabla \cdot \vec{B}_T = 0 \tag{5-8}$$

$$\nabla \cdot \vec{J}_T = 0 \tag{5-9}$$

将式(5-1)及式(5-3)代入电荷守恒定律可以得到

$$\nabla \times \vec{J} + \frac{\partial \rho}{\partial t} = 0 \Rightarrow \nabla \cdot (\vec{J}_L + \vec{J}_T) + \frac{\partial \rho}{\partial t} = 0 \tag{5-10}$$

从式(5-9)也可以得到

$$\nabla \cdot \vec{J} + \frac{\partial \rho}{\partial t} = 0$$

将式(5-1)～式(5-3)代入真空中的麦克斯韦方程组可以得到

$$\nabla \times (\vec{E}_L + \vec{E}_T) = \frac{\rho}{\varepsilon_0} \tag{5-11}$$

$$\nabla \times (\vec{E}_L + \vec{E}_T) = \frac{-\partial (\vec{B}_L + \vec{B}_T)}{\partial t} \tag{5-12}$$

$$\nabla \cdot (\vec{B}_L + \vec{B}_T) = 0 \tag{5-13}$$

$$\nabla \cdot (\vec{B}_L + \vec{B}_T) = \mu_0 \vec{J}_L + \mu_0 \vec{J}_T + \mu_0 \varepsilon_0 \frac{\vec{E}_L}{\partial t} + \mu_0 \varepsilon_0 \frac{\vec{E}_L}{\partial t} + \mu_0 \varepsilon_0 \frac{\vec{E}_T}{\partial t} \tag{5-14}$$

由式(5-11)及式(5-7)得到

$$\nabla \times \vec{E}_L = \frac{\rho}{\varepsilon_0} \tag{5-15}$$

由式(5-13)及式(5-8)得到

$$\nabla \cdot \vec{B}_L = 0 \tag{5-16}$$

将式(5-16)及式(5-4)代入式(5-12)可以得到

$$\nabla \times \vec{E}_T = \frac{-\partial \vec{B}_T}{\partial t} \tag{5-17}$$

将式(5-5)代入式(5-10)可以得到

$$\nabla \times \vec{J}_K + \frac{\partial}{\partial t}(\varepsilon_0 \nabla \cdot \vec{E}_L) = 0 \Rightarrow \nabla \cdot \left(\vec{J}_K + \varepsilon_0 \frac{\partial}{\partial t}\vec{E}_T\right) = 0 \tag{5-18}$$

$$\nabla \times \vec{J}_K + \nabla \times \varepsilon_0 \frac{\partial}{\partial t}\vec{E}_L = 0 \Rightarrow \nabla \times \left(\vec{J}_L + \varepsilon_0 \frac{\partial}{\partial t}\vec{E}_L\right) = 0 \tag{5-19}$$

将式(5-18)及式(5-19)代入可得

$$\mu_0 \vec{J}_L + \mu_0 \varepsilon_0 \vec{E}_L = 常矢量 \tag{5-20}$$

将式(5-5)及式(5-20)代入式(5-14)可得

$$\nabla \times \vec{B}_T = \mu_0 \vec{J}_T + \mu_0 \varepsilon_0 \frac{\partial \vec{E}_T}{\partial t} + \mu_0 \vec{J}_L + \mu_0 \varepsilon_0 \frac{\partial \vec{E}_L}{\partial t} \tag{5-21}$$

若空间有电流为常矢,则必产生磁场,所以常矢应归入 $\vec{J}_L$。
只有

$$\mu_0 \vec{J}_L + \mu_0 \varepsilon_0 \frac{\partial \vec{E}_L}{\partial t} = 0 \tag{5-22}$$

$$\nabla \times \vec{B}_T = \mu_0 \vec{J}_T + \mu_0 \varepsilon_0 \frac{\partial \vec{E}_T}{\partial t} \tag{5-23}$$

以上式(5-15)、式(5-16)、式(5-17)、式(5-22)及式(5-23)为 $\vec{E}$ 和 $\vec{B}$ 的横场和纵场

所满足的方程式,有

$$\mathbf{\nabla} \cdot \vec{E}_L = \frac{\rho}{\varepsilon_0} \tag{5-24}$$

$$\mathbf{\nabla} \times \vec{E}_T = \frac{-\partial \vec{B}_T}{\partial t} \tag{5-25}$$

式(5-24)中 $\vec{E}_L$ 是自空间静电荷所激发的场,所以 $\vec{E}_L$ 为库仑场。式(5-25)中 $\vec{E}_T$ 是磁场随时间的变化所激发的电场,为有旋场。

**12.** 利用麦克斯韦方程组导出线性、均匀、各向同性介质中电磁波方程,求电磁波在介质中传播的速度表达式。简述所得结果与经典物理学之间的矛盾。

**解** 宏观电磁场麦克斯韦方程为

$$\mathbf{\nabla} \times \vec{E}(\vec{r},t) = \frac{-\partial \vec{B}(\vec{r},t)}{\partial t} \tag{5-26}$$

$$\mathbf{\nabla} \times \vec{H}(\vec{r},t) = \vec{J}(\vec{r},t) + \frac{\partial \vec{D}(\vec{r},t)}{\partial t} \tag{5-27}$$

又因为其为均匀、各向同性介质,所以电磁特性参数为常数。

对式(5-26)两边求旋度可得

$$\mathbf{\nabla} \times \mathbf{\nabla} \times \vec{E}(\vec{r},t) = -\mu \frac{\partial}{\partial t} \left[ \mathbf{\nabla} \times \vec{H}(\vec{r},t) \right]$$

利用式(5-27)及电场的高斯定理,得到的电场方程为

$$\mathbf{\nabla}^2 \vec{E}(\vec{r},t) - \varepsilon\mu \frac{\partial^2 \vec{E}(\vec{r},t)}{\partial^2 t} = \mu \frac{\partial \vec{J}(\vec{r},t)}{\partial t} + \mathbf{\nabla}\left(\frac{\rho(\vec{r},t)}{\varepsilon}\right) \tag{5-28}$$

同样式(5-26)和式(5-27)两边求旋度并利用磁场的高斯定理,得到的磁场方程为

$$\mathbf{\nabla}^2 \vec{H}(\vec{r},t) - \varepsilon\mu \frac{\partial^2 \vec{H}(\vec{r},t)}{\partial^2 t} = -\mathbf{\nabla} \times \vec{J}(\vec{r},t) \tag{5-29}$$

式(5-28)和式(5-29)是两个典型的非齐次矢量波动方程,即电磁场的波动方程。

根据波动方程的特点,可以推得电磁波的传播速度为 $v = \frac{1}{\sqrt{\varepsilon\mu}}$,这表明电磁波的传播速度仅与介质的特性参数有关,与波源的运动状态或者参考坐标系无关。例如,电磁波在真空中的传播速度为光速,是一个常数。这是一个在经典物理学范畴内不可理解的而又特别重要的结果,因为经典物理学认为物体的运动速度与参考坐标系有关。现代物理学实验证明了光速不变原理这一物理现象,正是基于对这一物理现象的研究,爱因斯坦才建立了狭义相对论理论。

**13.** 求无穷长线电流的磁矢势和磁感应强度。

**解** 如图 5-1 所示,电流导线沿 $z$ 轴分布,设点 $P$ 到导线的垂直距离为 $R$,电流元 $I\mathrm{d}z$ 到点 $P$ 的距离为 $\sqrt{z^2+R^2}$,得

$$A_z = \frac{\mu_0 I}{4\pi} \int_{-\infty}^{\infty} \frac{\mathrm{d}z}{\sqrt{z^2+R^2}}$$

积分是发散的,计算两点的矢势差值可以免除发散。若取点 $R_0$ 的矢势值为零,计算可得

$$\vec{A}=-\left(\frac{\mu_0 I}{2\pi}\ln\frac{R}{R_0}\right)\hat{e}_z$$

由 A 的旋度得磁感应强度：

$$\vec{B}=\mathbf{\nabla}\times\vec{A}=-\mathbf{\nabla}\times\left(\frac{\mu_0 I}{2\pi}\ln\frac{R}{R_0}\hat{e}_z\right)=-\frac{\mu_0 I}{2\pi R}\hat{e}_\rho\times\hat{e}_z=\frac{\mu_0 I}{2\pi R}\hat{e}_\varphi$$

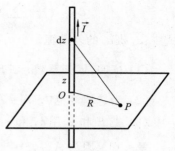

**14.** 从库仑规范导出洛伦兹规范的变换关系，并证明它们之间的变换满足规范变换不变性。

**解** 已知库仑变换的势函数满足的波动方程为

图 5-1　第 13 题题图

$$\mathbf{\nabla}^2\phi(\vec{r},t)=-\frac{\varrho(\vec{r},t)}{\varepsilon} \tag{5-30}$$

$$\mathbf{\nabla}^2\vec{A}(\vec{r},t)-\varepsilon\mu\frac{\partial^2\vec{A}(\vec{r},t)}{\partial^2 t}=-\mu\vec{J}(\vec{r},t)+\varepsilon\mu\frac{\partial}{\partial t}\mathbf{\nabla}\phi(\vec{r},t) \tag{5-31}$$

已知旋度相同但散度不同的磁矢势 $\vec{A}(\vec{r},t)$ 和 $\vec{A}'(\vec{r},t)$ 满足以下关系：

$$\vec{A}'(\vec{r},t)=\vec{A}(\vec{r},t)+\mathbf{\nabla}\psi(\vec{r},t)$$

相应可以得到

$$\phi'(\vec{r},t)=\phi(\vec{r},t)-\frac{\partial}{\partial t}\psi(\vec{r},t) \tag{5-32}$$

将式（5-32）代入式（5-30）和式（5-31）可得

$$\mathbf{\nabla}^2\phi'(\vec{r},t)+\frac{\partial}{\partial t}\left[\mathbf{\nabla}\psi^2(\vec{r},t)\right]=-\frac{\varrho(\vec{r},t)}{\varepsilon} \tag{5-33}$$

$$\mathbf{\nabla}^2\vec{A}'(\vec{r},t)-\varepsilon\mu\frac{\partial^2\vec{A}'(\vec{r},t)}{\partial^2 t}=-\mu\vec{J}(\vec{r},t)+\mathbf{\nabla}\left[\mathbf{\nabla}^2\psi(\vec{r},t)+\varepsilon\mu\frac{\partial}{\partial t}\phi'(\vec{r},t)\right] \tag{5-34}$$

将式（5-33）和式（5-34）中的 $\psi(\vec{r},t)$ 用 $\vec{A}'(\vec{r},t)$ 及 $\phi'(\vec{r},t)$ 替代，并应用库仑条件，得到

$$\mathbf{\nabla}^2\phi'(\vec{r},t)+\frac{\partial}{\partial t}\left[\mathbf{\nabla}\cdot\vec{A}'(\vec{r},t)\right]=-\frac{\varrho(\vec{r},t)}{\varepsilon}$$

$$\mathbf{\nabla}^2\vec{A}'(\vec{r},t)-\varepsilon\mu\frac{\partial^2\vec{A}'(\vec{r},t)}{\partial^2 t}=-\mu\vec{J}(\vec{r},t)+\mathbf{\nabla}\left[\mathbf{\nabla}\cdot\vec{A}'(\vec{r},t)+\varepsilon\mu\frac{\partial}{\partial t}\phi'(\vec{r},t)\right]$$

和洛伦兹规范条件下势函数 $[\vec{A}',\phi']$ 满足的波动方程进行对比，即可得洛伦兹规范为

$$\mathbf{\nabla}\cdot\vec{A}'(\vec{r},t)+\varepsilon\mu\frac{\partial}{\partial t}\phi'(\vec{r},t)=0$$

因为

$$\vec{B}(\vec{r},t)=\mathbf{\nabla}\times\vec{A}'(\vec{r},t)=\mathbf{\nabla}\times\vec{A}(\vec{r},t)+\mathbf{\nabla}\times\mathbf{\nabla}\psi(\vec{r},t)=\mathbf{\nabla}\times\vec{A}(\vec{r},t)$$

$$\vec{E}(\vec{r},t)=-\mathbf{\nabla}\phi'(\vec{r},t)-\frac{\partial}{\partial t}\vec{A}'(\vec{r},t)=-\mathbf{\nabla}\phi(\vec{r},t)-\frac{\partial}{\partial t}\vec{A}(\vec{r},t)$$

即

$$\begin{Bmatrix}\vec{A}(\vec{r},t)\\\phi(\vec{r},t)\end{Bmatrix}\Rightarrow\begin{Bmatrix}\vec{E}(\vec{r},t)\\\vec{B}(\vec{r},t)\end{Bmatrix}\Leftarrow\begin{Bmatrix}\vec{A}'(\vec{r},t)\\\phi'(\vec{r},t)\end{Bmatrix}$$

所以其所做的规范满足规范不变性。

**15.** 设真空中矢势 $\vec{A}(\vec{r},t)$ 可用复数傅里叶级数展开为

$$\vec{A}(\vec{r},t)=\sum_k (\vec{a}_k(t)\exp(j\vec{k}\cdot\vec{r})+\vec{a}_k^*(t)\exp(-j\vec{k}\cdot\vec{r}))$$

式中:$\vec{a}_k^*$ 是$\vec{a}_k$的复共轭。

(1) 证明:展开系数$\vec{a}_k$满足谐振子方程$\dfrac{\mathrm{d}^2\vec{a}_k}{\mathrm{d}t^2}+k^2c^2\vec{a}_k=0$;

(2) 当选取规范$\mathbf{\nabla}\cdot\vec{A}=0,\phi=0$ 时,证明:$\vec{k}\cdot\vec{a}_k=0$;

(3) 把$\vec{E}$ 和$\vec{B}$ 用$\vec{a}_k$ 和$\vec{a}_k^*$ 表示出来。

**解** (1) 因为 $\vec{A}(\vec{r},t)=\sum_k [\vec{a}_k(t)\exp(j\vec{k}\cdot\vec{r})+\vec{a}_k^*(t)\exp(-j\vec{k}\cdot\vec{r})]$

所以,根据傅里叶级数的正交性,必有

$$\vec{a}_k(t)=\int \vec{A}(\vec{r},t)\exp(j\vec{k}\cdot\vec{r})\mathrm{d}r$$

$$\frac{\mathrm{d}^2\vec{a}_k(t)}{\mathrm{d}t^2}=\int \frac{\partial^2\vec{A}(\vec{r},t)}{\partial t^2}\exp(j\vec{k}\cdot\vec{r})\mathrm{d}r \tag{5-35}$$

在洛伦兹规范下,有

$$\mathbf{\nabla}^2\vec{A}-\mu_0\varepsilon_0\partial^2\vec{A}/\partial t^2=-\mu_0\vec{J}$$

考虑到真空中$\vec{J}=0$,故

$$\mathbf{\nabla}^2\vec{A}=\mu_0\varepsilon_0\partial^2\vec{A}/\partial t^2$$

所以式(5-35)转化为

$$\frac{\mathrm{d}^2\vec{a}_k(t)}{\mathrm{d}t^2}=\int (c^2\mathbf{\nabla}^2\vec{A})\exp(j\vec{k}\cdot\vec{r})\mathrm{d}r \tag{5-36}$$

而

$$k^2c^2\vec{a}_k(t)=\int (k^2c^2\vec{A})\exp(j\vec{k}\cdot\vec{r})\mathrm{d}r$$

于是

$$\frac{\mathrm{d}^2\vec{a}_k(t)}{\mathrm{d}t^2}+k^2c^2\vec{a}_k(t)=\int (k^2c^2\vec{A}+c^2\mathbf{\nabla}^2\vec{A})\exp(j\vec{k}\cdot\vec{r})\mathrm{d}r \tag{5-37}$$

因为

$$\vec{A}(\vec{r},t)=\sum_k [\vec{a}_k(t)\exp(j\vec{k}\cdot\vec{r})+\vec{a}_k^*(t)\exp(-j\vec{k}\cdot\vec{r})]$$

所以

$$\mathbf{\nabla}^2\vec{A}(\vec{r},t)=-k^2\vec{A}(\vec{r},t)$$

所以式(5-37)右边积分中,被积函数为0,积分为0。从而$\vec{a}_k$满足谐振子方程

$$\frac{\mathrm{d}^2\vec{a}_k(t)}{\mathrm{d}t^2}+k^2c^2\vec{a}_k(t)=0$$

(2) 当选取规范$\mathbf{\nabla}\cdot\vec{A}=0,\phi=0$ 时,有

$$\mathbf{\nabla}\cdot\vec{A}=\mathbf{\nabla}\cdot\sum_k [\vec{a}_k(t)\exp(j\vec{k}\cdot\vec{r})+\vec{a}_k^*(t)\exp(-j\vec{k}\cdot\vec{r})]$$

$$=\sum_k [\vec{a}_k(t)\cdot\mathbf{\nabla}\exp(j\vec{k}\cdot\vec{r})+\vec{a}_k^*(t)\cdot\mathbf{\nabla}\exp(-j\vec{k}\cdot\vec{r})]$$

$$=\sum_k [ik\cdot\vec{a}_k(t)\exp(j\vec{k}\cdot\vec{r})-ik\cdot\vec{a}_k^*(t)\exp(-j\vec{k}\cdot\vec{r})]=0 \tag{5-38}$$

因为 $\vec{a}_k(t)$ 和 $\vec{a}_k^*(t)$ 是线性无关正交组,所以要使式(5-38)成立,必有

$$\vec{k}\cdot\vec{a}_k(t)=\vec{k}\cdot\vec{a}_k^*(t)=0$$

(3) 已知 $\vec{A}(\vec{r},t)=\sum_k\left[\vec{a}_k(t)\exp(\mathrm{j}\vec{k}\cdot\vec{r})+\vec{a}_k^*(t)\exp(-\mathrm{j}\vec{k}\cdot\vec{r})\right]$

所以

$$\vec{B}(\vec{r},t)=\mathbf{\nabla}\times\vec{A}(\vec{r},t)=\sum_k\left[i\vec{k}\times\vec{a}_k(t)\exp(\mathrm{j}\vec{k}\cdot\vec{r})-i\vec{k}\times\vec{a}_k^*(t)\exp(-\mathrm{j}\vec{k}\cdot\vec{r})\right]$$

$$\vec{E}(\vec{r},t)=\mathbf{\nabla}\phi-\frac{\partial\vec{A}}{\partial t}=-\sum_k\left[\frac{\mathrm{d}\vec{a}_k(t)}{\mathrm{d}t}\exp(\mathrm{j}\vec{k}\cdot\vec{r})+\frac{\mathrm{d}\vec{a}_k^*(t)}{\mathrm{d}t}\exp(-\mathrm{j}\vec{k}\cdot\vec{r})\right]$$

**16.** 以同轴传输线为例,分析并证明时变电磁场的能量的传输方式。

**解** 如图 5-2 所示,以距对称轴为 $r$ 的半径作一圆周($a<r<b$),应用安培环路定律,由对称性得

$$2\pi rH_\theta=I$$

导线表面上一般带有电荷,设内导线单位长度的电荷(电荷线密度)为 $\tau$,应用高斯定理和对称性,可得

$$2\pi rE_r=\frac{\tau}{\varepsilon}$$

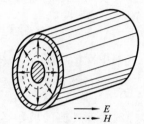

图 5-2　第 16 题题图

能流密度为

$$\vec{S}=\vec{E}\times\vec{H}=E_rH_\theta\hat{e}_z=\frac{I\tau}{4\pi^2\varepsilon r^2}\hat{e}_z$$

式中:$\hat{e}_z$ 为沿导线轴向单位矢量。

两导线间的电压为

$$U=\int_a^b E_r\mathrm{d}r=\frac{\tau}{2\pi\varepsilon}\ln\frac{a}{b}$$

因而

$$\vec{S}=\frac{UI}{r^2\ln\dfrac{a}{b}}\hat{e}_z$$

把能流密度矢量 $\vec{S}$ 对两导线间圆环状截面积积分,得

$$P=\int_a^b 2\pi rS\mathrm{d}r=\frac{UI}{\ln\dfrac{a}{b}}\int_a^b\frac{1}{r}\mathrm{d}r=UI$$

$UI$ 即为通常在电路问题中的传输功率表达式。因此电磁能量是在导线周围的介质中传播的,导线只是起导向作用。

**17.** 沿圆柱形导线轴向通以均匀分布的恒定电流 $I$,设圆柱导体的半径为 $a$、电导率为 $\sigma$,且导体表面有均匀分布面电荷密度 $\rho_S$。

(1) 求圆柱导线表面外侧坡印廷矢量;

(2) 证明:导线表面进入导体内部的电磁能量等于导线的热损耗。

**解** (1) 当导线的电导率 $\sigma$ 为有限值时,导线内部存在沿电流方向的电场

$$\vec{E}_i = \frac{\vec{J}}{\sigma} = \hat{e}_i \frac{I}{\pi a^2 \sigma}$$

根据边界条件,在导线表面上电场的切向分量连续,即 $E_{it} = E_{0t}$。因此,在导线表面外侧的电场的切向分量为

$$E_{0t}|_{\rho=a} = \frac{I}{\pi a^2 \sigma}$$

又利用高斯定律,容易求得导线表面外侧的电场的法向分量为

$$E_{0n}|_{\rho=a} = \frac{\rho_S}{\varepsilon_0}$$

故导线表面外侧的电场为

$$\vec{E}_0|_{\rho=a} = \hat{e}_\rho \frac{\rho_S}{\varepsilon_0} + \hat{e}_z \frac{I}{\pi a^2 \sigma}$$

利用安培环路定律,可求得导线表面外侧的磁场为

$$\vec{H}_0|_{\rho=a} = \hat{e}_\phi \frac{I}{2\pi a}$$

故导线表面外侧的坡印廷矢量为

$$\vec{S}_0|_{\rho=a} = (\vec{E}_0 \times \vec{H}_0)|_{\rho=a} = \hat{e}_\rho \frac{I^2}{2\pi^2 a^2 \sigma} + \hat{e}_z \frac{\rho_S I}{2\pi\varepsilon_0 a} \ \text{W/m}^2$$

(2)由内导体表面每单位长度进入其内部的功率

$$P = -\int_j \vec{S}_j\Big|_{j=I} \cdot \hat{e}_\rho \mathrm{d}S = \frac{I^2}{2\pi^2 a^2 \sigma} \times 2\pi a = \frac{I}{\pi a^2 \sigma} = RI^2$$

式中:$R = \dfrac{I}{\pi a^2 \sigma}$ 是内导体单位长度的电阻。由此可见,由导线表面进入其内部的功率等于导线内焦耳损耗功率。

**18.** 如果空间介质为线性、各向同性、非均匀介质,利用势函数和场函数的关系及麦克斯韦方程组,是否可以找到合适的规范,使其势函数仍然满足规范变换不变性。

**解** 本题实质上即要求推导出一个广义的洛伦兹规范,由介质中的麦克斯韦方程组

$$\begin{cases} \mathbf{\nabla} \times \vec{E} + \dfrac{\partial \vec{B}}{\partial t} = 0 \\[2mm] \mathbf{\nabla} \times \vec{H} - \dfrac{\partial \vec{D}}{\partial t} = \vec{J} \\[2mm] \mathbf{\nabla} \cdot \vec{B} = 0 \\[2mm] \mathbf{\nabla} \cdot \vec{D} = \rho \end{cases} \qquad (5\text{-}39)$$

结合介质的状态方程 $\vec{D} = \varepsilon\vec{E}$,$\vec{B} = \mu\vec{H}$,引入势函数的表达式:

$$\vec{B} = \mathbf{\nabla} \times \vec{A}, \quad \mathbf{\nabla} \times \left(\vec{E} + \frac{\partial \vec{A}}{\partial t}\right) = 0 \qquad (5\text{-}40)$$

将式(5-40)分别代入式(5-39)中,可以给出

$$\mathbf{\nabla}^2 \varphi + \frac{\partial}{\partial t}(\mathbf{\nabla} \cdot \vec{A}) + \mathbf{\nabla}\ln\varepsilon(\vec{r}) \cdot \left(\mathbf{\nabla}\varphi + \frac{\partial \vec{A}}{\partial t}\right) = -\frac{\rho}{\varepsilon(\vec{r})} \qquad (5\text{-}41)$$

$$\mathbf{\nabla}^2\vec{A}-\varepsilon(\vec{r})\mu(r)\frac{\partial^2\vec{A}}{\partial^2 t}-\mathbf{\nabla}(\mathbf{\nabla}\cdot\vec{A})-\varepsilon(\vec{r})\mu(\vec{r})\mathbf{\nabla}\left(\frac{\partial\varphi}{\partial t}\right)+\mathbf{\nabla}\ln\mu(\vec{r})\times(\mathbf{\nabla}\times\vec{A})=-\mu(\vec{r})\vec{J}$$

$$(5\text{-}42)$$

介质的非均匀性使得式(5-41)和式(5-42)中含有较复杂的$(\vec{A},\varphi)$。

如果选用普通形式的洛伦兹条件

$$\mathbf{\nabla}\cdot\vec{A}=-\varepsilon(\vec{r})\mu(\vec{r})\frac{\partial\varphi}{\partial t}$$

则式(5-41)和式(5-42)可以变成

$$\mathbf{\nabla}^2\varphi-\varepsilon(\vec{r})\mu(\vec{r})\frac{\partial^2\varphi}{\partial^2 t}+\mathbf{\nabla}\ln\varepsilon(\vec{r})\cdot\left(\mathbf{\nabla}\varphi+\frac{\partial\vec{A}}{\partial t}\right)=-\frac{\rho}{\varepsilon(\vec{r})} \quad (5\text{-}43)$$

$$\mathbf{\nabla}^2\vec{A}-\varepsilon(\vec{r})\mu(\vec{r})\frac{\partial^2\vec{A}}{\partial^2 t}+\mathbf{\nabla}\ln\mu(\vec{r})\times(\mathbf{\nabla}\times\vec{A})+\mathbf{\nabla}[\varepsilon(\vec{r})\mu(\vec{r})]\frac{\partial\varphi}{\partial t}=-\mu(\vec{r})\vec{J} \quad (5\text{-}44)$$

由式(5-43)和式(5-44)可以看出,两式存在不同的势函数的交叉,分析其结构,若选用势函数$(\vec{A},\varphi)$之间的约束关联,那么广义的洛伦兹条件即为

$$\mathbf{\nabla}\cdot\vec{A}=-\varepsilon(\vec{r})\mu(\vec{r})\frac{\partial\varphi}{\partial t}-\mathbf{\nabla}\ln\varepsilon(\vec{r})\cdot\vec{A}$$

则方程满足:

$$\begin{cases}\mathbf{\nabla}^2\vec{A}(\vec{r},t)-\varepsilon\mu\dfrac{\partial^2\vec{A}(\vec{r},t)}{\partial t^2}=-\mu\vec{J}(\vec{r},t)\\[2mm]\mathbf{\nabla}^2\varphi(\vec{r},t)-\varepsilon\mu\dfrac{\partial^2\varphi(\vec{r},t)}{\partial t^2}=-\dfrac{1}{\varepsilon}\rho(\vec{r},t)\end{cases}$$

**19.** 在静态电磁场中,电场和磁场的能量可以表示为

$$W_e=\frac{1}{2}\iiint\limits_V\varphi(\vec{r})\rho(\vec{r})\mathrm{d}V, \quad W_m=\frac{1}{2}\iiint\limits_V\vec{A}(\vec{r})\cdot\vec{J}(\vec{r})\mathrm{d}V$$

即静态电磁场的能量由电荷、电流及势函数确定,而时变电磁场的能量则不能由电荷、电流及势函数确定,分析产生这一差别的原因。

**解** 对时变电磁场而言,辐射场可以脱离电荷或者电流而在空间存在,且随时间变化在空间以波动形式传播,即通过电磁场传播,这部分电磁波可由电荷、电流及势函数确定。而静态电磁场的源为静止的电荷和稳恒电流,因此静态电磁能可以由电荷、电流及势函数确定。因此产生这一差别的主要原因在于源的不同。

**20.** 从电磁场与介质相互作用的机理,分析为什么不同频率的时谐电磁场中介质的电磁特性参数$\varepsilon(\omega)$、$\mu(\omega)$有不同的数值。

**解** 介质在电磁场的作用下呈现极化和磁化现象,时变电磁场与介质相互作用,导致介质的极化、磁化和传导等特性随时间和空间而变化,使介质呈现出复杂的色散和各向异性特性等。在频域空间里电磁特性参数就表现为频率的函数。

**21.** 在均匀无源的空间区域内,如果已知时谐电磁场中的矢量$\vec{A}(\vec{r})$,证明:其电磁场强度与$\vec{A}(\vec{r})$的关系为

$$\vec{E}(\vec{r})=\frac{k^2\vec{A}+\mathbf{\nabla}(\mathbf{\nabla}\cdot\vec{A})}{\mathrm{j}\omega\mu_0\varepsilon_0}$$

式中:$k^2 = \omega\sqrt{\mu_0\varepsilon_0}$。

**证** 因为 $\mathbf{\nabla}\cdot\vec{B}=0$,所以 $\vec{B}$ 可以写成任意一个矢量 $\vec{A}$ 的旋度

$$\vec{B} = \mathbf{\nabla}\times\vec{A} \tag{5-45}$$

将式(5-45)代入式(5-46)

$$\mathbf{\nabla}\times\vec{E} + \frac{\partial\vec{B}}{\partial t} = 0 \tag{5-46}$$

可以得到

$$\mathbf{\nabla}\times\left(\vec{E} + \frac{\partial\vec{A}}{\partial t}\right) = 0 \tag{5-47}$$

式(5-47)表明 $\vec{E} + \frac{\partial\vec{A}}{\partial t}$ 是无旋的,可以将其写成任意标量函数的梯度,又因为是时谐电磁场,有

$$\vec{E} = -\frac{\partial\vec{A}}{\partial t} - \mathbf{\nabla}\phi = -j\omega\vec{A} - \mathbf{\nabla}\phi$$

$\vec{A}$ 和 $\phi$ 满足洛伦兹条件

$$\mathbf{\nabla}\cdot\vec{A} + j\omega\mu\varepsilon\phi = 0$$

即

$$\phi = \frac{j\,\mathbf{\nabla}\cdot\vec{A}}{\omega\mu\varepsilon}$$

因此

$$\vec{E}(\vec{r}) = -j\omega\vec{A} - \mathbf{\nabla}\phi = -j\omega\vec{A} - \mathbf{\nabla}\left(\frac{j\,\mathbf{\nabla}\cdot\vec{A}}{\omega\mu\varepsilon}\right) = \frac{\varepsilon\mu\omega^2\vec{A} + \mathbf{\nabla}(\mathbf{\nabla}\cdot\vec{A})}{j\omega\mu\varepsilon}$$

$$= \frac{k^2\vec{A} + \mathbf{\nabla}(\mathbf{\nabla}\cdot\vec{A})}{j\omega\mu\varepsilon}$$

式中:$k^2 = \varepsilon\mu\omega^2$。

# 6

# 平面电磁波

时变电磁场问题可以转化为时谐电磁场问题,时谐电磁场为随时间进行简谐(正弦或余弦)变化的电磁场。本章主要总结时谐电磁场基本解的构成和均匀平面电磁波基本解;理想介质空间、导电介质空间、各向异性介质中的均匀平面波解及其基本特性,以及电磁波速度与介质的色散概念。

## 6.1 无源介质空间中的电磁波

无源介质空间中,时谐电磁场的波动方程简化为时谐电磁场的亥姆霍兹方程,即

$$\mathbf{\nabla}^2 \begin{bmatrix} \vec{E}(\vec{r}) \\ \vec{H}(\vec{r}) \end{bmatrix} + k^2 \begin{bmatrix} \vec{E}(\vec{r}) \\ \vec{H}(\vec{r}) \end{bmatrix} = 0, \quad k^2 = \omega^2 \mu \varepsilon$$

无源介质空间时谐电磁场 6 个分量中只有 2 个独立标量分量,其余 4 个分量可以表示为 2 个独立分量的线性叠加。

均匀平面电磁波:一维理想介质空间均匀平面波的表达式为

$$\begin{cases} \vec{E}(z) = \vec{E}_0 \exp(-\mathrm{j}kz) = -\eta \hat{z} \times \vec{H}(z) \\ \vec{H}(z) = \vec{H}_0 \exp(-\mathrm{j}kz) = \dfrac{1}{\eta} \hat{z} \times \vec{E}(z) \end{cases}$$

式中:$\eta = \sqrt{\mu/\varepsilon}$。

电磁波的参数:角频率 $\omega$ 为电磁波单位时间相位改变量;波数 $k = \omega \sqrt{\varepsilon\mu}$,为波传播方向上单位长度的相位改变量;$\vec{E}_0$、$\vec{H}_0$ 分别为电场、磁场复振幅。

均匀平面电磁波的基本特性:等相位面为平面;电场、磁场分量与波的传播方向垂直,为横电磁波,即 $\vec{E} \perp \vec{H} \perp \hat{z}$(传播方向);波阻抗(电场与相关联磁场分量振幅值之比)为介质特性阻抗;电场、磁场同相位;电场、磁场能量密度相等。

## 6.2 平面电磁波的极化

（1）平面电磁波的电场（或磁场）矢量末端在垂直传播方向的平面空间上运动轨迹的形态为电磁波的极化。其包括线极化、圆极化、椭圆极化等，根据矢量末端的转动方向圆（椭圆）极化平面电磁波又分为左旋和右旋圆（椭圆）极化平面电磁波。

（2）圆极化平面电磁波可以表示为两列电场相互垂直、振幅相等、初始相位差 $\pm\pi/2$ 的线极化平面电磁波的叠加；圆极化平面电磁波可以表示为两列电场相互垂直、振幅不等、初始相差 $\neq 0$ 或 $\pi$ 的线极化平面电磁波的叠加；圆极化平面电磁波还可以表示为两个相反旋转方向的椭圆极化平面电磁波的叠加。

（3）椭圆极化平面电磁波可以表示为一个右旋和一个左旋圆极化平面电磁波的叠加。

## 6.3 导电介质中的平面电磁波

（1）导电介质中存在传导电流，导致波的能量在传播中不断损耗。在导电介质中引入的复介电常数、复波矢量和复波阻抗分别为

$$\varepsilon' = \varepsilon + \frac{\sigma}{j\omega} = \varepsilon\left(1 + \frac{\sigma}{j\omega\varepsilon}\right)$$

$$k = \omega\sqrt{\mu\varepsilon'} = \beta - j\alpha$$

$$\tilde{\eta} = \sqrt{\frac{\mu}{\varepsilon'}} = |\tilde{\eta}|\,e^{j\phi}$$

导电介质中时谐电磁场方程与理想介质中方程形式相同，其基本解为

$$\vec{E}(\vec{r}) = \vec{E}_0 e^{-\alpha z} e^{-j\beta z}, \quad \vec{H}(\vec{r}) = |\tilde{\eta}|^{-1}\hat{e}_z \times \vec{E}(\vec{r})e^{-j\phi}$$

（2）导电介质中平面电磁波的基本特性：导电介质中的平面电磁波为非均匀平面电磁波，电场与磁场的振幅随传播距离的增加而衰减；导电介质中的平面电磁波为横电磁波；相位常数 $\beta$ 为频率的复杂函数，相速度与频率有关，导电介质为色散介质；电场与磁场有相位差；电场与磁场能量密度不同，且电场能量密度小于磁场能量密度。

（3）良导体 $\left(\dfrac{\sigma}{\omega\varepsilon}\right) \gg 1$，电磁波衰减很快，穿透深度 $\delta = \sqrt{\dfrac{2}{\omega\mu\sigma}}$ 小，电磁波只能存在于良导体的表面，这种现象称为趋肤效应。

（4）良导体的趋肤效应使得单位长度导线电阻的较恒定电流的电阻大大增加，数量级上放大了 $\delta^{-1}$ 倍。

良导体波阻抗：

$$\tilde{\eta} \approx \sqrt{\frac{\mu\omega}{\sigma}}\exp(j45°) = \sqrt{\frac{\pi\mu f}{\sigma}}(1+j) = \frac{1}{\sigma\delta}(1+j)$$

## 6.4 电磁波的速度

电磁波的速度包括相位传播速度、电磁波包传播的群速度（或电磁波能量传播速

度）。定态电磁波等相位面传播速度称为相位传播速度,电磁波包传播速度称为电磁波的群速度,群速度即能量传播速度。电磁波包由若干相邻频率(一般为某个频率范围,称为带宽)简谐(定态)电磁波的叠加形成有一定形态分布的电磁幅度的波动包。

$$\vec{v}_p = \frac{\omega}{k^2}\hat{k} = \frac{\hat{k}}{\sqrt{\varepsilon\mu}}$$

$$\vec{v}_g = \mathbf{\nabla}\,\omega(k)\,|_{\omega_0} = \hat{e}_x\,\frac{\partial\omega}{\partial k_x} + \hat{e}_y\,\frac{\partial\omega}{\partial k_y} + \hat{e}_z\,\frac{\partial\omega}{\partial k_z}$$

以一维情形为例,相速度与群速度有如下关系:

$$v_g = \frac{d\omega}{dk} = \frac{d(kv_p)}{dk} = v_p + k\,\frac{dv_p}{dk}$$

## 6.5  介质色散与信号失真

如果介质的电磁特性参数与频率相关,则这种介质称为色散介质。在色散介质中,电磁波相位传播速度是频率的函数,使得不同频率平面电磁波在介质空间某一点处的相位各不相同,叠加形成的波形(包)因位置的不同而变化,即电磁波包在色散介质中传播将发生形变,严重时导致信号失真。

如果信号的带宽$(\omega_0-\delta\omega,\omega_0+\delta\omega)$较小,$\mu$、$\varepsilon$又为该频带的缓变函数,则$\left(\dfrac{d^2 k}{d\omega^2}\right)_{\omega_0}$ $\approx 0$为信号不失真的条件。

## 6.6  电离层的基本特性

电离层等离子体为磁化等离子体。紫外线或高速粒子使高空大气电离,形成环绕地球的高空等离子体,类似于金属导体的气体,称为电离层。电离层地处恒定地球磁场$\vec{B}_0$之中,等离子体的运动受控于地磁场,故称其为磁化等离子体。

磁化等离子体的介电常数为张量,这是因为外加恒定磁场作用力的影响,传播于电离层中电磁波的电场某分量,不仅会使电子沿该方向运动,还会产生其他方向的传导电流,使得电场的某个方向分量同时可以产生多个方向的传导电流。因此,磁化等离子体中传导电流具有各向异性特点,其张量相对介电常数为

$$\overleftrightarrow{\varepsilon}_r = \begin{pmatrix} \varepsilon_1 & j\varepsilon_2 & 0 \\ -j\varepsilon_2 & \varepsilon_1 & 0 \\ 0 & 0 & \varepsilon_3 \end{pmatrix}$$

$$\begin{cases} \varepsilon_1 = 1 + \dfrac{\omega_p^2}{\omega_g^2 - \omega^2} \\[2mm] \varepsilon_2 = \dfrac{\omega_p^2\omega_g}{\omega(\omega_g^2 - \omega^2)}, \quad \omega_p^2 = \dfrac{Ne^2}{m\varepsilon_0} \\[2mm] \varepsilon_3 = 1 - \dfrac{\omega_p^2}{\omega^2} \end{cases}$$

式中: $\omega_g = \dfrac{e}{m}B_0$ 为电子回旋频率; $\omega_p$ 称为等离子体临界频率。卫星通信应该避免电子回旋频率,并高于等离子体临界频率。

在非磁化等离子体中,张量介电常数退化为各向同性的标量介电常数,即

$$\overleftrightarrow{\varepsilon}_r = \begin{bmatrix} \varepsilon_3 & 0 & 0 \\ 0 & \varepsilon_3 & 0 \\ 0 & 0 & \varepsilon_3 \end{bmatrix}$$

虽然电离层为磁化等离子体,但在平行于磁场方向上,表现为非磁化等离子体的性质。

## 6.7    电离层中的均匀平面电磁波

（1）纵向传播,即 $\vec{E}_0 \perp \vec{B}_0$, $\vec{k} \parallel \vec{B}_0$, $\vec{B}_0 \parallel \hat{e}_z$;可存在左、右旋圆极化均匀平面波;左、右旋圆极化平面电磁波相速度不同,有法拉第旋转效应。

（2）横向传播,即 $\vec{k} \perp \vec{B}_0$, $\vec{B}_0 \parallel \hat{e}_z$,可存在椭圆极化平面电磁波和线极化平面电磁波传播模式。线极化方式具有均匀介质空间平面电磁波特性;而椭圆极化平面电磁波方式在传播方向上有电场分量,为非横电磁波,并且两个传播模式有不同的相速度。

### 基本要求

掌握平面电磁波的表示方法,理解均匀平面电磁波的概念及意义。理解和掌握在无界理想介质中均匀平面电磁波的传播特性,以及在无界有损耗介质中的传播特性。掌握电磁波极化的概念及意义,掌握三种极化方式的条件并能正确判别波的极化状态。理解相速度、群速度的概念及二者的关系。简单了解电磁波在电离层中传播问题的分析方法及其传播特性。

## 思考与练习题 6

**1.** 从麦克斯韦方程组出发说明无源空间电磁场只有 2 个独立分量。

**解**    无源空间中,由

$$\begin{cases} \nabla \times \vec{E}(\vec{r}) = -j\omega\mu\vec{H}(\vec{r}) \\ \nabla \times \vec{H}(\vec{r}) = j\omega\varepsilon\vec{E}(\vec{r}) \end{cases}$$

可知

$$\begin{cases} H_x(\vec{r}) = \dfrac{j}{\omega\mu}\left(\dfrac{\partial E_z}{\partial y} - \dfrac{\partial E_y}{\partial z}\right) \\[2mm] H_y(\vec{r}) = \dfrac{j}{\omega\mu}\left(\dfrac{\partial E_x}{\partial z} - \dfrac{\partial E_z}{\partial x}\right) \\[2mm] E_x(\vec{r}) = \dfrac{-j}{\omega\varepsilon}\left(\dfrac{\partial H_z}{\partial y} - \dfrac{\partial H_y}{\partial z}\right) \\[2mm] E_y(\vec{r}) = \dfrac{-j}{\omega\varepsilon}\left(\dfrac{\partial H_x}{\partial z} - \dfrac{\partial H_z}{\partial x}\right) \end{cases}$$

将等式右边非 $E_z(\vec{r})$ 和 $H_z(\vec{r})$ 分量用 $E_z(\vec{r})$ 和 $H_z(\vec{r})$ 表示,可得

$$
\begin{cases}
\left(k^2+\dfrac{\partial^2}{\partial z^2}\right)H_x(\vec{r})=\mathrm{j}\omega\varepsilon\,\dfrac{\partial E_z}{\partial y}+\dfrac{\partial^2 H_z}{\partial z\partial x} \\[2mm]
\left(k^2+\dfrac{\partial^2}{\partial z^2}\right)H_y(\vec{r})=-\mathrm{j}\omega\varepsilon\,\dfrac{\partial E_z}{\partial x}+\dfrac{\partial^2 H_z}{\partial z\partial y} \\[2mm]
\left(k^2+\dfrac{\partial^2}{\partial z^2}\right)E_x(\vec{r})=-\mathrm{j}\omega\mu\,\dfrac{\partial H_z}{\partial y}+\dfrac{\partial^2 E_z}{\partial z\partial x} \\[2mm]
\left(k^2+\dfrac{\partial^2}{\partial z^2}\right)E_y(\vec{r})=\mathrm{j}\omega\mu\,\dfrac{\partial H_z}{\partial x}+\dfrac{\partial^2 E_z}{\partial y\partial z}
\end{cases}
$$

表达式表明只需 $E_z(\vec{r})$ 和 $H_z(\vec{r})$ 已知,其坐标变量的偏微分也已知,则上述右边为已知函数,电磁场其他 4 个分量可表示为 $E_z(\vec{r})$ 和 $H_z(\vec{r})$ 的线性叠加。

**2.** 何谓均匀平面电磁波,均匀平面电磁波有哪些主要特性?

**解** 均匀平面电磁波指的是电磁场的振幅不随空间位置而发生变化且等相位面为平面的电磁波。

主要特性包括:理想介质中均匀平面电磁波在波的传播方向上没有电磁场分量,即为横电磁波;电场、磁场和波的传播方向相互垂直;电场和磁场的振幅值之比为介质波阻抗;电场、磁场的时空变化关系相同,振幅不随传播距离增加而衰减,电场能量与磁场能量相等;能流密度矢量,其方向为波传播的方向,其大小为平面电磁波能量密度与波传播速度的积。

**3.** 何谓等相位面,空间等相位面与波面或波前之间有何关系?

**解** 介质中振动相位相同的点连成的面称为等相位面或波阵面,把波阵面中走在最前面的那个波阵面称为波前。

**4.** 何谓波数,说明其与频率之间的关系,讨论其物理意义。

**解** 波数与波长成反比。波数描述的是波在空间尺度上变化的快慢程度,也可以理解为每 $2\pi$ 长度内波动重复的次数,其矢量为波矢量。波数 $k$ 与频率 $f$、波传播速度 $v$、波长 $\lambda$ 的关系为

$$
k=\frac{w}{v}=\frac{2\pi}{\lambda}
$$

**5.** 何谓电磁波的极化,举例说明极化的应用。电磁波一般有哪几类极化?

**解** 平面电磁波的电场(或磁场)矢量末端在垂直传播方向的平面上运动轨迹的形态为电磁波的极化,应用包括光学偏振片、物质结构分析、雷达目标识别、无线电信号的最佳发射和接收等。其包括圆极化、椭圆极化和线极化等。根据矢量末端转动的方向,圆(椭圆)极化平面电磁波又可分为左旋和右旋圆(椭圆)极化平面电磁波。

**6.** 何谓波阻抗,说明波阻抗、介质特性阻抗、本征阻抗之间的关系。

**解** 波阻抗用于描述电磁场的概念,如平面电磁波电场与磁场的振幅之比称为波阻抗,波阻抗与介电常数和磁导率有关,为介质电磁特性参数决定的常数。

特性(本征)阻抗描述路的概念,为电压和电流的比值。特性阻抗受介电常数、介质厚度、线宽等因素影响。

横电磁波介质的波阻抗等于特性(本征)阻抗。

**7.** 简述导电介质中电磁波传播的基本特点,是何原因造成这些特点?

**解** 导电介质空间电磁波为非均匀平面电磁波,电磁波振幅随波传播距离的增加而呈指数衰减;电场与磁场复振幅之比为波阻抗,为复数,其幅角表示电场与磁场的相位差;导电介质中电场能量密度小于磁场能量密度。

原因:导电介质中可以存在传导电流,传导电流与电场相位相同,它引起电磁波能量在传播过程中的耗散,因此导电介质中电磁波振幅随传播距离增加而减小。传导电流是导致波数和波阻抗为复数、电能小于磁能的主要原因。

**8.** 何谓复介电常数、复波数,其实部和虚部的物理意义是什么?

**解** 复介电常数指的是导电介质中引入的介电常数 $\varepsilon'$,其与真空中介电常数 $\varepsilon$ 之间的关系为

$$\varepsilon' = \varepsilon + \frac{\sigma}{\mathrm{j}\omega}$$

此式实部代表位移电流对磁场的贡献,虚部代表传导电流对磁场的贡献。波矢量 $k = \beta - \mathrm{j}\alpha$ 也为复数,$\alpha$ 称为衰减常数,表示电磁波沿传播方向衰减快慢程度的物理量;$\beta$ 称为相位常数,与理想介质中波数有相同的意义。

**9.** 何谓趋肤效应,趋肤效应与哪些量有关? 这些量怎样影响趋肤深度?

**解** 良导体的电导率 $\sigma$ 很大,所以良导体中的电磁波只存在于导体表面的薄层中,这一现象被称为趋肤效应。良导体中电磁波的穿透深度定义为

$$\delta = \sqrt{\frac{2}{\omega\mu\sigma}}$$

由此可见,穿透深度与电磁波频率和导体的电导率有关,频率和电导率越高,穿透深度越小。

**10.** 电磁波相速度和群速度是什么量的传播速度? 哪个代表电磁波能量传播速度?

**解** 群速度是多频率波叠加而成的波包中心在空间传播的速度。相速度是单个频率的电磁波的等相位面在空间传播的速度。电磁波能量传播速度为群速度。

**11.** 如何理解和表示电磁波(形)包? 如何求得波包中心的传播速度?

**解** 波包在空间传播是波包中不同振幅、不同频率和不同初相位的谐变平面电磁波在空间传播叠加的结果。

空间 $\vec{r}$ 点在 $t$ 时刻的电场是波包中所有频率对应平面电磁波在该点的叠加,即

$$\vec{E}(\vec{r},t) = \int_{\omega_0 - \frac{\delta\omega}{2}}^{\omega_0 + \frac{\delta\omega}{2}} \widetilde{E}(\omega)\exp[\mathrm{j}(\omega t - \vec{k} \cdot \vec{r})]\mathrm{d}\omega = E_0(\omega_0)\exp[\mathrm{j}(\omega_0 t - \vec{k}_0 \cdot \vec{r})]$$

波包的幅度不再是常矢量,而是在空间一定区域范围内分布集结:

$$\vec{E}_0(\omega_0) = \int_{\omega_0 - \frac{\delta\omega}{2}}^{\omega_0 + \frac{\delta\omega}{2}} \vec{E}(\omega)\exp[\mathrm{j}((\omega - \omega_0)t - (\vec{k} - \vec{k}_0) \cdot \vec{r})]\mathrm{d}\omega$$

波包中心由方程

$$\frac{\mathrm{d}}{\mathrm{d}\omega}\left[(\vec{k}-\vec{k}_0)\cdot\vec{r}-(\omega-\omega_0)t\right]=0$$

确定,因此,波包中心的传播速度为

$$\vec{v}_g=\boldsymbol{\nabla}\omega(k)\big|_{\omega_0}=\hat{e}_x\frac{\partial\omega}{\partial k_x}+\hat{e}_y\frac{\partial\omega}{\partial k_y}+\hat{e}_z\frac{\partial\omega}{\partial k_z}$$

**12.** 何谓色散介质,为什么电磁波包在色散介质中传播可能发生失真?

**解** 如果介质的电磁特性参数与频率相关,相速度是频率的函数,该介质可称为色散介质。

由于 $\mu$ 和 $\varepsilon$ 是频率的函数,将波数 $k$ 在信号中心频率 $\omega_0$ 的邻域上展开,得到

$$k(\omega)=k(\omega_0)+\left(\frac{\mathrm{d}k}{\mathrm{d}\omega}\right)_{\omega_0}\varepsilon+\frac{1}{2}\left(\frac{\mathrm{d}^2k}{\mathrm{d}\omega^2}\right)_{\omega_0}\varepsilon^2+\cdots$$

将其代入准平面电磁波包表达式

$$E_0(\omega_0,z,t)=\frac{1}{\sqrt{2\pi}}\int_{-\delta\omega}^{\delta\omega}\widetilde{E}(\omega_0+\varepsilon)\mathrm{e}^{\mathrm{j}(\varepsilon t-\delta kz)}\mathrm{d}\varepsilon$$

此时脉冲信号的波形为

$$E_0(\omega_0,z,t)\approx\frac{1}{\sqrt{2\pi}}\int_{-\delta\omega}^{\delta\omega}\widetilde{E}(\omega_0+\varepsilon)\mathrm{e}^{\mathrm{j}\left[\varepsilon\left(\frac{\mathrm{d}k}{\mathrm{d}\omega}\right)_{\omega_0}(z_c-z)-\frac{1}{2}\left(\frac{\mathrm{d}^2k}{\mathrm{d}\omega^2}\right)_{\omega_0}\varepsilon^2z\right]}\mathrm{d}\varepsilon$$

说明电磁脉冲信号在色散介质中传播过程中的波包形状发生了改变。

**13.** 简述电离层形成的原因,为什么电离层具有分层结构的特点?

**解** 由于受地球以外射线(主要是太阳辐射)对中性大气的原子和分子的电离作用,距地表 60 km 以上的整个地球大气层都处于部分电离或完全电离的状态,电离层是部分电离的大气区域。

太阳辐射使部分中性分子和原子电离为自由电子和正离子,它在大气中穿透越深,强度(产生电离的能力)越趋减弱,而大气密度逐渐增加,于是,在某一高度上出现电离的极大值。大气不同成分,如分子氧、原子氧和分子氮等,在空间的分布是不均匀的。它们为不同波段的辐射所电离的,形成各自的极值区,从而导致电离层的层状结构。在离地球表面 60~1000 km 高度范围内,主要有三层:D 层、E 层和 F($F_1$ 与 $F_2$)层。由于电离层各层的化学结构、热结构、输运过程不同,各层的电子密度的变化也不尽相同。

**14.** 已知自由空间均匀平面电磁波的磁场为

$$\vec{H}(\vec{r},t)=\left[\hat{e}_x\frac{3}{2}+\hat{e}_y+\hat{e}_z\right]\times10^{-6}\cos\left[\omega t-\pi\left(-x+y+\frac{1}{2}z\right)\right]\ (\mathrm{A/m})$$

求解如下问题:

(1)该平面电磁波的频率与波长;

(2)该平面电磁波的传播方向;

(3)该平面电磁波的电场表达式;

(4)该平面电磁波的平均坡印廷矢量。

**解** (1)由于 $\vec{H}=\vec{H}_m\mathrm{e}^{-\vec{k}\cdot\vec{r}}$,因此

$$\vec{H}_m = \left(\frac{3}{2}\hat{e}_x + \hat{e}_y + \hat{e}_z\right) \times 10^{-6}, \quad \vec{k} \cdot \vec{r} = \pi\left(-x + y + \frac{1}{2}z\right)$$

则

$$kx = -\pi, \quad ky = \pi, \quad kz = \frac{1}{2}\pi$$

所以

$$k = \sqrt{(-\pi)^2 + \pi^2 + \left(\frac{1}{2}\pi\right)^2} = \frac{3}{2}\pi$$

波长为

$$\lambda = \frac{2\pi}{k} = \frac{4}{3} \ (\text{m})$$

频率为

$$f = \frac{c}{\lambda} = \frac{3 \times 10^8}{\frac{4}{3}} = 2.25 \times 10^8 (\text{Hz})$$

(2) 该平面电磁波的传播方向为

$$\hat{e}_k = \frac{\vec{k}}{k} = -\frac{2}{3}\hat{e}_x + \frac{2}{3}\hat{e}_y + \frac{1}{3}\hat{e}_z$$

(3) 该平面电磁波的电场表达式为

$$\vec{E}(\vec{r},t) = \eta_0 \vec{H}(\vec{r},t) \times \hat{e}_k = 120\pi \cdot 10^{-6} \mathrm{e}^{-\mathrm{j}\pi\left(-x+y+\frac{1}{2}z\right)} \left(\frac{3}{2}\hat{e}_x + \hat{e}_y + \hat{e}_z\right)$$

$$\times \left(-\frac{2}{3}\hat{e}_x + \frac{2}{3}\hat{e}_y + \frac{1}{3}\hat{e}_z\right)$$

$$\vec{E}(\vec{r},t) = 377 \times 10^{-6} \times \left(\frac{1}{3}\hat{e}_x - \frac{7}{6}\hat{e}_y + \frac{5}{3}\hat{e}_z\right) \cos\left[\frac{9\pi}{2} \times 10^8 t - \pi\left(-x + y + \frac{1}{2}z\right)\right]$$

(4) 该平面电磁波的平均坡印廷矢量为

$$\vec{S}_{av} = \frac{1}{2}\mathrm{Re}[\vec{E} \times \vec{H}^*] = 1.7\pi \times 10^{-10} \left(-\hat{e}_x + \hat{e}_y + \frac{1}{2}\hat{e}_z\right)$$

**15.** 对于无源介质空间中均匀平面电磁波,证明:麦克斯韦方程组可以简化为

$$\begin{cases} \vec{k} \cdot \vec{E}(\vec{r}) = 0 \\ \vec{k} \cdot \vec{H}(\vec{r}) = 0 \\ \vec{k} \times \vec{E}(\vec{r}) = \omega\mu\vec{H}(\vec{r}) \\ \vec{k} \times \vec{H}(\vec{r}) = -\omega\varepsilon\vec{E}(\vec{r}) \end{cases}$$

**证** 在无源介质空间中,沿 $\vec{r}$ 方向传播的均匀平面电磁波可表示为

$$\begin{cases} \vec{E} = \vec{E}_0 \mathrm{e}^{-\mathrm{j}\vec{k}\cdot\vec{r}} \\ \vec{H} = \vec{H}_0 \mathrm{e}^{-\mathrm{j}\vec{k}\cdot\vec{r}} \end{cases}$$

因为

$$\nabla \times \vec{H} = \nabla \times (\vec{H}_0 \mathrm{e}^{-\mathrm{j}\vec{k}\cdot\vec{r}}) = \nabla\mathrm{e}^{-\mathrm{j}\vec{k}\cdot\vec{r}} \times \vec{H}_0 = -\mathrm{j}\mathrm{e}^{-\mathrm{j}\vec{k}\cdot\vec{r}}\nabla(\vec{k}\cdot\vec{r}) \times \vec{H}_0$$

$$= -\mathrm{j}\mathrm{e}^{-\mathrm{j}\vec{k}\cdot\vec{r}}\vec{k} \times \vec{H}_0 = -\mathrm{j}\vec{k} \times \vec{H}$$

将其代入无源区时谐电磁场的麦克斯韦方程 $\nabla \times \vec{H} = \mathrm{j}\omega\varepsilon\vec{E}$,可得

$$\vec{k}\times\vec{H}=-\omega\varepsilon\vec{E}$$

同理可得

$$\vec{k}\times\vec{E}=\omega\mu\vec{H}$$

由于

$$\mathbf{\nabla}\cdot\vec{E}=\mathbf{\nabla}\cdot(\vec{E}_0\mathrm{e}^{-\mathrm{j}\vec{k}\cdot\vec{r}})=\mathbf{\nabla}\mathrm{e}^{-\mathrm{j}\vec{k}\cdot\vec{r}}\cdot\vec{E}_0=-\mathrm{j}\mathrm{e}^{-\mathrm{j}\vec{k}\cdot\vec{r}}\mathbf{\nabla}(\vec{k}\cdot\vec{r})\cdot\vec{E}_0$$
$$=-\mathrm{j}\mathrm{e}^{-\mathrm{j}\vec{k}\cdot\vec{r}}\vec{k}\cdot\vec{E}_0=-\mathrm{j}\vec{k}\cdot\vec{E}$$

代入无源区域麦克斯韦方程$\mathbf{\nabla}\cdot\vec{E}=0$,可得

$$\vec{k}\cdot\vec{E}=0$$

同理可得

$$\vec{k}\cdot\vec{H}=0$$

**16.** 电离层的介电常数为张量,即 9 个分量,是什么原因使电离层的介电常数有张量结构的特点?

**解** 地磁场导致电离层的介电常数有张量结构。在平行于磁场的方向上电子不受磁场力,在垂直于磁场的方向上电子受洛伦兹力影响,因此电离层特性参数表现为各向异性。在地磁场的影响下,电场的某个方向分量的作用同时产生多个方向的传导电流。因此,磁化等离子体中传导电流具有各向异性特点。

**17.** 简述电离层对卫星通信、导航应用有哪些影响,如何克服这些影响?

**解** 电离层电子密度的不均匀分布会对通过的电磁波随机散射,使得电磁波相位得到不规则调制,在地面接收点,信号幅度和相位会表现出不规则起伏,导致电磁波传播障碍,影响卫星通信质量。对导航而言,电离层延迟是最大的误差来源。

为了实现卫星通信、导航定位、短波通信或天波雷达对远距离目标的探测,需要预测电磁波信号在电离层中传播的路径、信号的失真程度、信号时延不一致性的程度。而电磁波在电离层中传播的路径又取决于电离层中电子密度分布。因此,电离层中电子密度分布、扰动起伏特性的预报是人类利用电离层的基础,是空间物理学和电磁波传播重要的研究内容之一。特别是在天—空—地信息网络成为人类活动重要组成部分的今天,空间环境(包括电离层参数)的预报构成了人类生活的重要组成部分,从而催生了空间天气学。

**18.** 证明如下问题:

(1)一个椭圆极化平面电磁波可以分解为一个右旋和左旋圆极化波;

(2)一个圆极化平面电磁波可由两个相反方向的椭圆极化波叠加而成。

**证** (1)设某椭圆极化平面电磁波沿 $z$ 轴传播,其电场强度可表示为

$$\vec{E}=\hat{e}_x E_{x0}\mathrm{e}^{-\mathrm{j}kz}\pm\mathrm{j}\hat{e}_y E_{y0}\mathrm{e}^{\mathrm{j}kz}$$

式中:$E_{x0}\neq E_{y0}$。任意椭圆都可以通过坐标转换为正椭圆,因此,该椭圆极化平面电磁波具有任意性。

$$E_{10}=\frac{1}{2}(E_{x0}+E_{y0}),\quad E_{20}=\frac{1}{2}(E_{x0}-E_{y0})$$

则由$E_{x0}=E_{10}+E_{20}$,$E_{y0}=E_{10}-E_{20}$代入椭圆极化波的电场表达式,可得

$$\vec{E} = \hat{e}_x(E_{10}+E_{20})e^{-jkz} \pm j\hat{e}_y(E_{10}-E_{20})e^{jkz}$$
$$= E_{10}(\hat{e}_x e^{-jkz} \pm j\hat{e}_y e^{jkz}) + E_{20}(\hat{e}_x e^{-jkz} \mp j\hat{e}_y e^{jkz})$$

此式可表示为旋转方向相反的两个圆极化平面电磁波。

（2）以右旋圆极化平面电磁波为例，波沿 $z$ 轴传播，其两个线极化平面电磁波电场的振幅都为 $E_0$。故电场表达式为

$$\vec{E} = E_0(\hat{e}_x - \hat{e}_y j)e^{-jkz} = [\hat{e}_x(1-m) - \hat{e}_y j(1+n)]E_0 e^{-jkz} + [\hat{e}_x m + \hat{e}_y j n]E_0 e^{-jkz}$$

式中：$m \neq 0, n \neq 0, m \neq n$。

**19.** 矢量函数 $\vec{A}(z,t)$、$\vec{B}(z,t)$ 分别为

$$\vec{A}(z,t) = \vec{A}_0 \cos(6\pi \times 10^8 t - kz)$$
$$\vec{B}(z,t) = \vec{B}_0 \cos(6\pi \times 10^8 t - kz)$$

式中：$\vec{A}_0$、$\vec{B}_0$ 均为复常矢量。

如果上式为自由空间某一平面电磁波的电场与磁场，求解或简述如下问题：

（1）$\vec{A}_0$ 与 $\vec{B}_0$ 应满足的必要条件；

（2）导出自由空间（可视为真空）中 $\vec{A}_0$ 与 $\vec{B}_0$ 之间满足的关系；

（3）自由空间（视为真空）中波数 $k$ 的数值及其单位；

（4）上式为圆极化平面电磁波时复常矢量 $\vec{A}_0$ 的分量表达式。

**解** （1）假设 $\vec{A}(z,t)$ 和 $\vec{B}(z,t)$ 分别为电场 $\vec{E}$ 与磁场 $\vec{H}$，则根据麦克斯韦方程组，有 $|E|/|H| = \sqrt{\mu/\varepsilon}$，即 $\varepsilon A_0^2 = \mu B_0^2$。电场、磁场与传播方向相互垂直，所以

$$\vec{A}_0 = -\sqrt{\frac{\mu}{\varepsilon}} \hat{e}_z \times \vec{B}_0$$

（2）在自由空间中，有

$$\varepsilon = \varepsilon_0 = \frac{1}{36\pi} \times 10^{-9} \text{ F/m}, \mu = \mu_0 = 4\pi \times 10^{-7} \text{ H/m}$$

因此，$|A_0|/|B_0| = 120\pi$。

（3）波数 $k = \omega\sqrt{\varepsilon_0\mu_0} = \dfrac{\omega}{c} = 2\pi$ rad/m，表征波传播单位距离的相位变化。

（4）若电场的 $x$ 分量与 $y$ 分量振幅相等，相位差为 $\pi/2$，合成波为圆极化平面电磁波，则

$$\vec{A}_0 = (\hat{e}_x \pm j\hat{e}_y)A_m$$

式中：$A_m = \sqrt{2}/2|A_0|$。

**20.** 为预防环境电磁干扰，需给仪器设备设计制作适当厚度（通常不少于 5 个趋肤深度）的良导体外壳。这样不仅抑制了环境电磁干扰，同时也使仪器设备结构更具整体性和可靠性。某电子设备需防止 20 kHz～200 MHz 的无线电干扰，请为该仪器设备设计铝（$\sigma = 3.54 \times 10^7/(\Omega \cdot m)$，$\mu_r = 1$，$\varepsilon_r = 1$）外壳的最小厚度。

**解** 趋肤深度为

$$\delta = \sqrt{\frac{2}{\omega\mu\sigma}} = \sqrt{\frac{2}{2\pi f \times \mu_0 \times 3.54 \times 10^7}} \geqslant \sqrt{\frac{2}{2\pi \times 20 \times 1000 \times 4\pi \times 10^{-7} \times 3.54 \times 10^7}}$$

$$=5.98\times10^{-4}\ \text{m}$$

因此,铝外壳的最小厚度为$5\delta$,即 $0.003$ m。

**21.** 在设计对潜艇通信时,必须考虑海水是一种良导体。为了使通信距离足够远,请就下面两个问题给出设计方案。

(1)有两种不同频率$\omega_1$和$\omega_2$的发射机和接收机,且$\omega_1>\omega_2$,请问选择哪种频率的通信设备?为什么?

(2)有两种不同接收特性的天线可供选择,其中天线 1 对电场敏感,天线 2 对磁场敏感,选择哪种天线作为通信的接收天线?为什么?

**解** (1)海水在短波频率范围内属良导电介质,电磁波在海水中衰减快、传播距离很短,且频率越高,穿透深度越小,故选择频率$\omega_2$的发射机和接收机。

(2)选择磁场敏感天线。导电介质中传播电磁波的磁场能量密度大于电场能量密度。

这一结果提示我们在设计导电介质中传播电磁波信号的接收天线时,最好使用对磁场敏感的天线作为接收天线,以便最大地获取电磁波信号的能量。

**22.** 导出电磁波传播的相速度和群速度,它们各代表的物理意义。考虑两列振幅相同、偏振方向相同、频率分别为$\omega+\text{d}\omega$和$\omega-\text{d}\omega$的线偏振平面波,它们都沿$z$轴方向传播。

(1)求合成波,并证明波的振幅不是常数,而是一个波;

(2)求合成波的相位传播速度和振幅中心传播速度。

**解** 群速度是多个频率的平面波叠加形成的波包中心在空间传播的速度,相速度是单个频率的电磁波的等相位面在空间传播的速度。

对于理想介质,如果$\mu$、$\varepsilon$和频率无关,$k=\omega\sqrt{\mu\varepsilon}$,则群速度($\vec{v}_g$)与相速度($\vec{v}_p$)相同,$\vec{v}_g=\dfrac{\hat{e}_k}{\sqrt{\mu\varepsilon}}=\vec{v}_p$。如果$\mu=\mu(\omega)$,$\varepsilon=\varepsilon(\omega)$,则相速度与群速度不同,$\vec{v}_g=\mathbf{\nabla}_k\omega$。

(1) $A_1=A_0\cos\left[\dfrac{\omega+\text{d}\omega}{c}z-(\omega+\text{d}\omega)t\right]$, $A_2=A_0\cos\left[\dfrac{\omega-\text{d}\omega}{c}z-(\omega-\text{d}\omega)t\right]$

$$A_1+A_2=A_0\cos\left[\dfrac{\omega+\text{d}\omega}{c}z-(\omega+\text{d}\omega)t\right]+A_0\cos\left[\dfrac{\omega-\text{d}\omega}{c}z-(\omega-\text{d}\omega)t\right]$$

$$=2A_0\cos\left(\dfrac{\frac{2\omega}{c}-2\omega t}{2}\right)\times\cos\left(\dfrac{\frac{2\text{d}\omega}{c}-2\text{d}\omega z}{2}\right)$$

$$=2A_0\cos(\text{d}kz-\text{d}\omega t)e^{\text{j}(kz-\omega t)}$$

故振幅为$2A_0\cos(\text{d}kz-\text{d}\omega t)$,其不是常数,而是一个波。

(2)$t$时刻,有

$$kz-\omega t=c_1$$

$t+\Delta t$时刻,有

$$k(z+\Delta z)-\omega(t+\Delta t)=c_1$$

故

$$kz - \omega t = k(z + \Delta z) - \omega(t + \Delta t)$$

所以

$$k\Delta z = \omega \Delta t$$

相速度为

$$v_{\mathrm{p}} = \frac{\partial z}{\partial t} = \frac{\omega}{k}$$

$t$ 时刻,有

$$\mathrm{d}k \cdot z - \mathrm{d}\omega \cdot t = c_1$$

$t + \Delta t$ 时刻,有

$$\mathrm{d}k \cdot (z + \Delta z) - \mathrm{d}\omega \cdot (t + \Delta t) = c_1$$

因此

$$\mathrm{d}k \cdot (z + \Delta z) - \mathrm{d}\omega \cdot (t + \Delta t) = k \cdot z - \mathrm{d}\omega \cdot t$$

则

$$\mathrm{d}k\Delta z = \mathrm{d}\omega \Delta t$$

群速度为

$$v_{\mathrm{g}} = \frac{\Delta z}{\Delta t} = \frac{\mathrm{d}\omega}{\mathrm{d}k}$$

**23.** 证明:均匀平面电磁波在良导体内每前进一个波长,场强衰减约为 55 dB。

**证**    良导体中,$\alpha = \beta \approx \sqrt{\dfrac{\omega\mu\sigma}{2}}$,故

$$\lambda = \frac{2\pi}{\beta} = \frac{2\pi}{\alpha}$$

每波长的衰减为 $20\lg \mathrm{e}^{-\alpha\lambda} = 20\alpha\lambda\lg \mathrm{e} = 20 \times 2\pi \times \lg \mathrm{e} \approx 55$ dB

**24.** 设 $\vec{E}(z,t)$ 为理想均匀线性介质空间 $z$ 轴正向传播的定态平面电磁波的电场。介质的电磁特性参数为 $\varepsilon = 4\varepsilon_0$,$\mu = \mu_0$,频率为 $f = 3 \times 10^8$ Hz,电场振幅为常矢量 $\vec{E}_0$。求解如下问题:

(1) 该平面电磁波的波长、相位传播速度和波阻抗;

(2) 该平面电磁波的电场表达式;

(3) 该平面电磁波的磁场表达式;

(4) 逆波传播方向观测到电磁波为圆极化平面电磁波,$\vec{E}_0$ 分量表达式。

**解**    (1) 波长为

$$\lambda = \frac{1}{f\sqrt{\mu\varepsilon}} = \frac{1}{2f\sqrt{\varepsilon_0\mu_0}} = \frac{c}{2f} = 0.5 \text{ m}$$

相位传播速度为

$$v = \frac{1}{\sqrt{\mu\varepsilon}} = \frac{1}{2\sqrt{\varepsilon_0\mu_0}} = \frac{c}{2} = 1.5 \times 10^8 \text{ m/s}$$

波阻抗为

$$\eta = \sqrt{\frac{\mu}{\varepsilon}} = 0.5\sqrt{\frac{\mu_0}{\varepsilon_0}} = 60\pi$$

(2) 波数为

$$k = \frac{2\pi}{\lambda} = 4\pi$$

电场表达式为

$$\vec{E}(z,t) = \vec{E}_0 \cos(\omega t - kz + \phi) = \vec{E}_0 \cos(6\pi \times 10^8 t - 4\pi z + \phi)$$

式中:$\phi$ 为初相位。

(3) 磁场表达式为

$$\vec{H}(z,t) = \vec{H}_0 \cos(\omega t - kz + \phi) = \vec{H}_0 \cos(6\pi \times 10^8 t - 4\pi z + \phi)$$

$$= \frac{1}{\eta} \hat{e}_z \times \vec{E}_0 \cos(6\pi \times 10^8 t - 4\pi z + \phi)$$

(4) 若电场 $x$ 分量和 $y$ 分量振幅相等,相位差为 $\pm \dfrac{\pi}{2}$,则

$$\vec{E}_0 = (e_x \pm \mathrm{j} e_y) E_m$$

式中:$E_m = \dfrac{\sqrt{2}}{2} |E_0|$。

**25.** 频率为 $\omega$ 的电磁波在各向异性介质中传播时,若 $\vec{E}$、$\vec{D}$、$\vec{B}$、$\vec{H}$ 仍按 $\exp[-\mathrm{j}(\vec{k} \cdot \vec{r} - \omega t)]$ 变化,但 $\vec{D}$ 不再与 $\vec{E}$ 平行,证明:

(1) $\vec{k} \cdot \vec{B} = \vec{k} \cdot \vec{D} = \vec{B} \cdot \vec{D} = \vec{B} \cdot \vec{E} = 0$,但一般 $\vec{k} \cdot \vec{E} \neq 0$;

(2) $\vec{D} = \dfrac{1}{\omega^2 \mu}[k^2 \vec{E} - (\vec{k} \cdot \vec{E})\vec{k}]$;

(3) 能流密度 $\vec{S}$ 与波矢量 $\vec{k}$ 一般不在同一方向上。

**证** (1) 麦克斯韦方程组为

$$\begin{cases} \boldsymbol{\nabla} \times \vec{E} = -\dfrac{\partial \vec{B}}{\partial t} \\[2mm] \boldsymbol{\nabla} \times \vec{H} = -\dfrac{\partial \vec{D}}{\partial t} \\[2mm] \boldsymbol{\nabla} \cdot \vec{D} = 0 \\[2mm] \boldsymbol{\nabla} \cdot \vec{B} = 0 \end{cases}$$

因此

$$\boldsymbol{\nabla} \cdot \vec{B} = \boldsymbol{\nabla} \cdot \vec{B}_0 \mathrm{e}^{-\mathrm{j}(\vec{k} \cdot \vec{r})} = \mathrm{j}\vec{k} \cdot \vec{B}_0 \mathrm{e}^{-\mathrm{j}(\vec{k} \cdot \vec{r})} = \mathrm{j}\vec{k} \cdot \vec{B} = 0$$

进而

$$\vec{k} \cdot \vec{B} = 0$$

同理

$$\vec{k} \cdot \vec{D} = 0$$

$$\boldsymbol{\nabla} \times \vec{H} = [\boldsymbol{\nabla} \mathrm{e}^{-\mathrm{j}(\vec{k} \cdot \vec{r})}] \times \vec{H}_0 = \mathrm{j}\vec{k} \times \vec{H} = -\mathrm{j}\omega \vec{D}$$

故

$$\vec{D} = -\vec{k} \times \frac{\vec{H}}{\omega} = -\vec{k} \times \frac{\vec{B}}{\omega\mu}, \quad \vec{B} \cdot \vec{D} = -\vec{B} \cdot \frac{\vec{k} \times \vec{B}}{\omega\mu} = 0$$

$$\boldsymbol{\nabla} \times \vec{E} = [\boldsymbol{\nabla} \mathrm{e}^{-\mathrm{j}(\vec{k} \cdot \vec{r})}] \times \vec{E}_0 = \mathrm{j}\vec{k} \times \vec{E} = -\mathrm{j}\omega \vec{B}$$

故

$$\vec{B} = \vec{k} \times \frac{\vec{E}}{\omega}, \quad \vec{B} \cdot \vec{E} = (\vec{k} \times \vec{E}) \cdot \frac{\vec{E}}{\omega} = 0$$

因此

$$\vec{k} \perp \vec{B}, \quad \vec{D} \perp \vec{B}, \quad \vec{E} \perp \vec{B}, \quad \vec{k} \perp \vec{D}$$

由于 $\vec{E}$ 不平行于 $\vec{D}$,所以 $\vec{k} \cdot \vec{E} \neq 0$。

(2) 将 $\vec{B} = \vec{k} \times \vec{E} / \omega$ 代入

$$\vec{D} = -\vec{k} \times \frac{\vec{H}}{\omega} = -\vec{k} \times \frac{\vec{B}}{\omega \mu}$$

可得

$$\vec{D} = -\vec{k} \times \frac{\vec{k} \times \vec{E}}{\omega^2 \mu} = \frac{1}{\omega^2 \mu} [k^2 \vec{E} - (\vec{k} \cdot \vec{E}) \vec{k}]$$

(3) 由 $\vec{B} = \vec{k} \times \vec{E} / \omega$,可知 $\vec{H} = \vec{k} \times \vec{E} / (\omega \mu)$

故能流密度

$$\vec{S} = \vec{E} \times \vec{H} = \vec{E} \times \frac{\vec{k} \times \vec{E}}{\omega \mu} = \frac{[E^2 \vec{k} - (\vec{k} \cdot \vec{E}) \vec{E}]}{\omega \mu}$$

一般情况下,$\vec{k} \cdot \vec{E} \neq 0$,故 $\vec{S}$ 除了 $\vec{k}$ 方向的分量外,还有 $\vec{E}$ 方向分量,因此,$\vec{S}$ 与 $\vec{k}$ 不在同一方向。

**26.** 卫星通信通常采用线极化还是圆极化天线?请阐明原因。

**解** 在卫星通信和卫星导航系统中,由于卫星姿态和轨道常常发生变化,收发天线均应该采用圆极化天线,以保证通信链路在任何时刻均能够保持畅通。

**27.** 自由空间平面波的电场为 $\vec{E} = \vec{E}_0 e^{jky}$。

(1) 写出电场的瞬时表达式。

(2) 如果 $\vec{E}_0 = E_0(j\hat{e}_x - \hat{e}_z)$,分析平面波的极化特性。

(3) 证明:该电磁波为横波。

**解** (1) 电场的瞬时表达式为

$$\vec{E} = \vec{E}_0 \cos(\omega t + ky)$$

式中:$\omega$ 为频率;$k$ 为波数。

(2) $z$ 分量初始相位超前 $x$ 分量 $\pi/2$,振幅相等,波沿 $-y$ 方向传播,故该平面波为左旋圆极化平面电磁波。

(3) 依题意,该电磁波沿 $-y$ 方向传播。

因为

$$\boldsymbol{\nabla} \cdot \vec{E} = \boldsymbol{\nabla} \cdot (\vec{E}_0 e^{jky}) = \hat{e}_y \left[ E_{y_0} \frac{\partial (e^{jky})}{\partial y} \right] = 0$$

所以 $E_{y_0} = 0$,故电场没有 $y$ 分量;

因为

$$\vec{H} = -\frac{1}{\eta} \hat{e}_y \times \vec{E}$$

故磁场也没有 $y$ 分量,因此该电磁波为横波。

# 7

# 电磁波传播

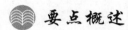

要点概述

电磁波在非均匀介质空间中传播表现出更为复杂的特性,本章讨论不均匀介质空间电磁波传播的基础理论和应用。主要内容包括:电磁波的干涉叠加、等效波阻抗概念及应用;不同介质界面对电磁波的反射、折射及应用;电磁波经障碍(物)屏的衍射与散射传播及应用;电离层中电磁波的传播问题。

## 7.1 电磁波的干涉

干涉条件:两列电磁波具有平行极化分量、相同频率和存在相位差。

发生干涉后叠加的电磁波的振幅随两列电磁波在相遇点的相位差不同而变化,在某些相位差下加强,而在另一些相位差下减弱,即出现波的干涉现象。

## 7.2 等效波阻抗

由多种介质(介质交界面为平面)沿 $z$ 轴分层构成的介质空间,空间 $z$ 处电场与磁场复振幅之比为等效波阻抗,即

$$\eta_{ef}(z) = \eta_1 \frac{\eta_2 - j\eta_1 \tan(k_1 z)}{\eta_1 - j\eta_2 \tan(k_1 z)}, \quad z < 0$$

等效波阻抗不是 $z$ 的右边某个介质的阻抗,而是将 $z$ 右边视为一种介质空间所表现出的等效波阻抗。

等效波阻抗在阻抗匹配、阻抗变换,以及天线罩、照相机镜头、吸波材料设计等有实际应用。

## 7.3　电磁波的反射、透射与菲涅耳公式

（1）相位匹配原理：界面上任意点处入射波、反射波和透射波的相位必须相等，即

$$k_1\hat{e}_i \cdot \vec{r}\,\big|_{z=0} = k_1\hat{e}_r \cdot \vec{r}\,\big|_{z=0} = k_2\hat{e}_t \cdot \vec{r}\,\big|_{z=0}$$

从相位匹配原理出发，可以推导出如下结论：

① 入射波、反射波和透射波的传播方向在同一个平面内，该平面是由传播方向和界面法线方向构成的平面。

② 入射波、反射波和透射波与界面法向的夹角满足如下关系：

$$\theta_i = \theta_r, \qquad \sqrt{\varepsilon_1\,\mu_1}\,\sin\theta_i = \sqrt{\varepsilon_2\,\mu_2}\,\sin\theta_t$$

③ 平面电磁波在介质中的传播路径（称为射线轨迹）具有可逆性。

（2）菲涅耳公式

电磁波垂直和水平极化入射时，入射波、反射波和透射波幅度之间满足的关系式，即反射系数和透射系数为

垂直极化：
$$\begin{cases} \Gamma_\perp = \dfrac{E_r}{E_i} = \dfrac{\eta_2\cos\theta_i - \eta_1\cos\theta_t}{\eta_2\cos\theta_i + \eta_1\cos\theta_t} \\[4mm] T_\perp = \dfrac{E_t}{E_i} = \dfrac{2\eta_2\cos\theta_i}{\eta_2\cos\theta_i + \eta_1\cos\theta_t} \end{cases}$$

水平极化：
$$\begin{cases} \Gamma_\parallel = \dfrac{E_r}{E_i} = \dfrac{\eta_1\cos\theta_i - \eta_2\cos\theta_t}{\eta_1\cos\theta_i + \eta_2\cos\theta_t} \\[4mm] T_\parallel = \dfrac{E_t}{E_i} = \dfrac{2\eta_2\cos\theta_i}{\eta_1\cos\theta_i + \eta_2\cos\theta_t} \end{cases}$$

（3）在介质特性参数满足一定的条件下，出现全反射现象。

## 7.4　良导体界面的反射特性

良导体内部电磁波衰减传播，无论电磁波以任意角度斜入射，电磁波始终在垂直导体平面的方向上传播。由于衰减很快，一般只存在于导体表面，这种现象称为趋肤效应。良导体波阻抗为

$$\eta = \sqrt{\frac{\mu_0\,\omega}{\sigma}}\exp(j45°) = \frac{1}{\sigma\delta}(1+j)$$

式中：$\delta$ 为穿透深度，良导体表面的反射系数的模约为 1。

良导体界面外部空间合成波的电磁场在导体表面法线方向呈驻波分布，导体表面切线方向则为非均匀平面波。合成波可以分解为 TE 波和 TM 波的叠加。合成波相位传播速度称为视在速度，可以大于光速。导体表面存在感应的面电流，为反射波的次级辐射源。

## 7.5 电磁波的衍射

当电磁波在传播过程中遇到障碍物或透过屏幕上的小孔时,不按直线传播的现象称为电磁波的衍射。

惠更斯-菲涅耳原理:波在传播过程中波阵面上的每一点是产生球面子波的次级波源,空间其他点任意时刻的波动是波阵面上的所有次级波源发射子波的干涉叠加结果,其表达式为

$$\phi(\vec{r}) = \frac{1}{4\pi} \oiint_S \left[ \mathbf{V}'\phi(\vec{r}') + \hat{R}\left(jk + \frac{1}{R}\right)\phi(\vec{r}') \right] \frac{e^{-jkR}}{R} \cdot dS'$$

辐射条件:电磁波在无穷远处满足

$$\lim_{R \to 0} R\left[ \frac{\partial \phi(\vec{r}')}{\partial R} + jk\phi(\vec{r}') \right] = 0$$

## 7.6 电离层对电磁波传播的影响

电离层的等离子体频率能够影响电磁波的传播,利用电离层的反射可以实现短波的长距离通信,电离层给卫星通信、定位和导航,以及天波雷达和短波通信带来困难。

### 🌀 基本要求

掌握均匀平面电磁波对理想导体(介质)平面垂直入射问题的分析方法,理解反射和透射的物理意义。了解等效波阻抗的分析方法并知晓其应用。了解均匀平面波对分界面的斜入射问题的分析方法,理解相位匹配原则的物理意义;理解全反射和全透射现象的发生条件。

## 思考与练习题 7

**1.** 利用阻抗匹配解释波在界面反射与透射,将其与电路理论中的阻抗匹配比较,体会波阻抗的含义。

**解** 反射系数为反射波电场振幅与入射波电场振幅之比,即

$$\Gamma = \frac{E_t}{E_i} = \frac{\eta_2 - \eta_1}{\eta_2 + \eta_1}$$

透射系数为透射波电场振幅与入射波电场振幅之比,即

$$T = \frac{E_t}{E_i} = \frac{2\eta_2}{\eta_2 + \eta_1}$$

透射系数与反射系数之间满足关系式 $1 + \Gamma = T$。如果 $\eta_2 = \eta_1$,则反射系数 $\Gamma = 0$。交界面不反射电磁波,介质 1 空间中的电磁场仍为入射波对应的电磁场。而在电路中

的阻抗匹配有如下特点:当负载阻抗等于信源内阻抗时,在负载阻抗上可以得到无失真的电压传输。因此波阻抗可以与电路理论中的阻抗关系相对应。

**2. 什么是等效波阻抗?如何理解等效波阻抗?等效波阻抗有何应用?**

**解** 均匀介质空间中的波阻抗为电场与磁场的复振幅之比,将这一概念推广到介质 1 空间中 $z$ 点电场与磁场复振幅之比为等效波阻抗,有

$$\eta_{ef}(z) = \frac{E_1(z)}{H_1(z)} = \frac{E_i(z) + E_r(z)}{H_i(z) + H_r(z)} = \eta_1 \frac{E_i(z) + E_r(z)}{E_i(z) - E_r(z)} = \eta_1 \frac{e^{-jk_1 z} + \Gamma e^{jk_1 z}}{e^{-jk_1 z} - \Gamma e^{jk_1 z}}$$

$$= \eta_1 \frac{\eta_2 - j\eta_1 \tan(k_1 z)}{\eta_1 - j\eta_2 \tan(k_1 z)}$$

上式将 $z$ 点右边视为一种介质空间所表现出的等效波阻抗。

使用等效波阻抗,可以使得多层介质空间中电磁波的反射和透射问题的处理变得简单。因此,等效波阻抗在由多种不同介质的构成的电磁波传播的问题中有着广泛的应用(如飞行器隐身涂料的开发、天线保护罩、相机镜头等的设计问题)。

**3. 入射波、反射波、透射波在介质分界面上相位匹配,分析相位匹配的依据是什么?从相位匹配原理出发,导出了入射波、反射波、透射波的哪些关系?**

**解** 当界面的曲率半径远大于波长时,电磁波在边界上反射、透射行为与平面非常接近,所以可以只讨论平面对电磁波的反射和透射问题。由于相位是波在空间传播路径上的累积结果,界面上任意点处入射波、反射波和透射波并未产生新的相位,三者的相位必须相等。

从相位匹配原理出发,可以推导出如下结论。

(1)入射波、反射波和透射波的传播方向在同一个平面内,该平面是由传播方向和界面法线方向构成的平面。

(2)入射波、反射波和透射波与界面法向的夹角满足如下关系:

$$\theta_i = \theta_r, \qquad \sqrt{\varepsilon_1 \mu_1} \sin\theta_i = \sqrt{\varepsilon_2 \mu_2} \sin\theta_t$$

(3)平面电磁波在介质中的传播路径(称为射线轨迹)具有可逆性。

**4. 什么是驻波?它与行波有何区别?驻波能否传播能量?**

**解** 驻波是指频率相同、传输方向相反的两种波沿传输线形成的一种分布状态。其中的一个波一般是另一个波的反射波。在二者相加的点出现波腹,在二者相减的点形成波节。在波形上,波节和波腹的位置始终是不变的,但它的瞬时值是随时间而改变的。如果这两种波的幅值相等,则波节的幅值为零。

行波与驻波的区别:行波是相对于驻波来说波形向前传播的波,或者说行波就是波从波源向外传播。驻波的波形虽然随时间而改变,但是不向任何方向移动。

驻波的能量(动能和势能)在相邻的波节和波腹间反复转换,动能基本集中在波腹,势能则主要集中在波节,但是没有长距离的能量传播。因此,驻波不传播能量。

**5. 什么原因导致沿导体表面传播的表面波的相速度大于光速?你如何理解相速度大于光速?电磁波能量传播速度能否大于光速?**

**解** 相速度是单个频率的电磁波的等相位面在空间传播的速度。合成波的电场与

磁场在垂直导体表面方向呈现驻波分布，为与导体表面平行方向上的非均匀平面波。合成波不是横电磁波，但可以分解为 TE 波和 TM 波的叠加。合成波相位传播速度称为视在速度，可以大于光速。然而超光速的相速度无法传递信息和能量。

信号由多种频率分量组成，在色散介质中，各单频波将以不同的相速度传播。而波包中心在介质中的传播速度为群速度，也是电磁波的能量的传播速度。群速度的传播速度不能大于光速，因此电磁波的能量传播速度不能大于光速。

**6.** 为什么电磁波在两介质界面可能发生全反射，全反射时介质 2 中是否有电磁场，介质 2 有何作用？

**解**　由界面相位匹配原则所得到的入射波、反射波和透射波与界面法向的夹角满足的关系为

$$\sin\theta_i = n\sin\theta_t$$

式中：$n$ 为折射率，可以得知，如果 $n<1$，当入射角逐渐增大时，总会使透射角先达到 $90°$，此时，透射波将沿介质的表面传播，即发生全反射，此时入射角称为临界角。

在发生全反射时，透射波磁场 $x$ 分量超前电场 $y$ 分量 $-\pi/2$ 的相位，$z$ 方向传输的平均能流密度为零；沿 $x$ 方向（介质 2 表面）仍然存在可以传播的电磁波，称为表面波。

发生全反射时，介质 2 的作用类似于电路中的电感器，在电磁波的一个周期的一半时间内，介质 2 从入射电磁波获得能量，另一半时间内释放能量，并返回介质 1。

**7.** 简述良导体中电磁波传播的基本特点。为什么电磁波只沿与导体表面垂直的方向传播？

**解**　对于良导体，$\frac{\sigma}{\omega\varepsilon}\gg1$，此时导电介质中传导电流远大于位移电流，此时导电介质为良导体。在良导体内部电磁波沿传播方向衰减很快，电磁波在良导体内传播距离很小，电磁波只能存在于导体表面的薄层中，这一现象被称为趋肤效应。

设导体的复波数矢量为

$$\vec{k}_2 = k_2\hat{e}_t = \vec{\beta} - j\vec{\alpha} = \hat{e}_x(\beta_x - j\alpha_x) + \hat{e}_z(\beta_z - j\alpha_z) \tag{7-1}$$

将边界条件 $\hat{n}\times[\vec{E}_i(\vec{r}) + \vec{E}_r(\vec{r})] = \hat{n}\times\vec{E}_t(\vec{r})$ 应用到界面上的任意点，该点处入射波、反射波和透射波的相位关系匹配原理仍然成立，即

$$\vec{k}_i\cdot\vec{r}\,|_{z=0} = \vec{k}_r\cdot\vec{r}\,|_{z=0} = \vec{k}_t\cdot\vec{r}\,|_{z=0} \to k_1\hat{e}_i\cdot\vec{r}\,|_{z=0} = k_1\hat{e}_r\cdot\vec{r}\,|_{z=0} = k_2\hat{e}_t\cdot\vec{r}\,|_{z=0} \tag{7-2}$$

利用式(7-2)还可以得到如下结果：

$$k_1\sin\theta_i = \beta_x - j\alpha_x \to \begin{cases} \beta_x = k_1\sin\theta_i \\ \alpha_x = 0 \end{cases} \tag{7-3}$$

将式(7-3)代入式(7-1)，考虑良导体

$$\sqrt{\frac{\omega\varepsilon}{2\sigma}} = 1, \quad \alpha = \beta \approx \sqrt{\frac{\omega\mu\sigma}{2}}$$

得到如下近似结果：

$$\beta_z^2 = \beta^2 - \beta_x^2 = \frac{\omega\varepsilon\sigma}{2} - (k_1\sin\theta_i)^2 = \omega^2\mu_0\varepsilon\left[\left(\frac{\sigma}{2\omega\varepsilon}\right) - \sin^2\theta_i\right] \approx \beta = \frac{\omega\mu\sigma}{2}$$

$$\vec{k}_2 = k_2\hat{e}_t = \vec{\beta} - \mathrm{j}\vec{\alpha} \approx \hat{e}_z(\beta_z - \mathrm{j}\alpha_z) = \hat{e}_z\sqrt{\frac{\omega\mu\sigma}{2}}$$

上述论述说明,对良导体而言,无论电磁波以何种角度入射,其透射波始终沿导体表面垂直的方向传播。

**8.** 何谓电磁波的衍射现象,数学上如何表示电磁波的衍射? 电磁波衍射在哪些领域得到应用?

**解** 电磁波的衍射现象是指当电磁波在传播过程中遇到障碍物或透过屏幕上的小孔时,由于波动特性,电磁波不按直线传播的现象称为电磁波的衍射,它是波动的一个基本的特征。

惠更斯-菲涅耳原理的数学表达式,称为基尔霍夫公式:

$$\phi(\vec{r}) = \frac{1}{4\pi}\oiint_S\left[\mathbf{\nabla}'\phi(\vec{r}') + \hat{R}\left(\mathrm{j}k + \frac{1}{R}\right)\phi(\vec{r}')\right]\frac{\mathrm{e}^{-\mathrm{j}kR}}{R}\cdot\mathrm{d}S'$$

式中:$S$ 是区域 $V$ 的界面;$R$ 为区域内是点 $r$ 到面元 $\mathrm{d}S'$ 的距离。上式表明,区域 $V$ 内任意点 $r$ 的场,是边界 $S$ 上所有次波源(与 $\mathrm{d}S'$ 对应)辐射球面波的干涉叠加(面积分)。$\dfrac{\mathrm{e}^{-\mathrm{j}kR}}{4\pi R}$ 为球面波因子,被积函数式中所含内容为次波源的强度,它与 $\mathbf{\nabla}'\phi(\vec{r}')$ 和 $\phi(\vec{r}')$ 有关。

电磁波传播中的衍射现象是普遍的且贴近实际的,它在无线通信、光学工程、光学仪器等方面富有广泛的应用,因而研究电磁波的衍射理论及应用对认识光波和无线电波等的传播规律具有十分重要的意义。

**9.** 何谓辐射条件? 导出这一条件理论基础是什么? 你如何理解。

**解** 如果 $R\to\infty$,$\mathrm{d}S' = \hat{R}R^2\mathrm{d}\Omega$,$\mathbf{\nabla}'\phi(\vec{r}') = \vec{R}\dfrac{\partial\phi}{\partial R}$,则有

$$\phi(\vec{r}) = \lim_{R\to\infty}\frac{1}{4\pi}\oiint_S R\left[\frac{\partial\phi(\vec{r}')}{\partial R} + \mathrm{j}k\phi(\vec{r}')\right]\mathrm{d}\Omega\mathrm{e}^{-\mathrm{j}kR} + \lim_{R\to\infty}\frac{1}{4\pi}\oiint_S\phi(\vec{r}')\mathrm{d}\Omega\mathrm{e}^{-\mathrm{j}kR}$$

表示无穷远边界上次波源在空间点 $r$ 辐射场的叠加,其结果必为零;否则有限区域内电磁场因与无穷远边界上电磁场有关而具有多值特性,即 $\lim\limits_{R\to\infty}\phi(\vec{r}) = 0$ 与 $\lim\limits_{R\to\infty}r\left[\dfrac{\partial\phi(\vec{r})}{\partial r} + \mathrm{j}k\phi(\vec{r})\right] = 0$,称为辐射条件。

**10.** 请描述地球电离层的介质属性(如:导电介质还是非导电介质? 各向同性还是各向异性?)。人类的第一颗人造卫星 Sputnik 与地面通信的电磁波波长选为 10 m,请阐述其原因。

**解** 地球电离层为各向异性的导电介质,介电常数和电导率的大小与磁场的方向有关。

10 m 波长的电磁波频率为 30 MHz,高于电离层的典型等离子体频率(约 13 MHz),故卫星信号可以穿过电离层和地面台站通信。

**11.** 简述电离层电波传播在通信、导航、遥感、卫星定位应用中面临的问题。

**解** 信号频率低于电离层的最大临界频率(等离子体频率),信号将不能穿过电离层而被反射。利用电离层对电磁波的反射原理,可以实现短波远距离的通信和远距离目标的探测。因此,电离层中电波传播包括透射、反射传播模式。为了实现卫星通信、导航定位、短波通信或天波雷达对远距离目标的探测,需要预测电磁波信号在电离层中传播的路径、信号的失真程度、信号时延不一致性的程度。而电磁波在电离层中传播的路径又取决于电离层中电子密度分布。因此,电离层中电子密度分布、扰动起伏特性的预报是人类利用电离层的基础,是空间物理学和电波传播重要的研究内容之一。

**12.** 设 $z>0$ 为介电常数 $\varepsilon_2$ 的介质空间,在此介质前为一介质薄片,厚度为 $D$,介电常数为 $\varepsilon_1$。平面波从自由空间垂直入射到介质薄片,如图 7-1 所示。证明:当 $\varepsilon_1 = \sqrt{\varepsilon_0 \varepsilon_2}$,$D = 0.25 \lambda_1$($\lambda_1$ 为介质薄片中的波长)时,电磁波无反射而全部透射。

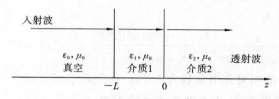

**图 7-1  第 12 题题图**

**证** 如图 7-1 所示,将介质薄片和介质空间命名为介质 1 和介质 2,$L=D$,$z=-L$ 界面右边空间(由有限厚度的介质 1 和半空间介质 2 组成的两介质空间)的等效波阻抗为

$$\eta_{ef}(D^-) = \eta_1 \frac{\eta_2 + j \eta_1 \tan(k_1 L)}{\eta_1 + j \eta_2 \tan(k_1 L)}$$

为了确保天线产生的电磁波能够全部透射而不被反射,$z=-L$($L=D$)界面处的反射系数应为零,则要求 $\eta_{ef}(D^-) = \eta_0$,且真空和介质 2 的波阻抗不相等($\eta_2 \neq \eta_0$)。

因此,介质最小厚度满足由 $k_1 L = \pi/2$ 确定,此时 $\tan(k_1 L) \to \infty$,可以得到介质层的波阻抗满足 $\eta_1 = \sqrt{\eta_0 \eta_2}$,即 $\varepsilon_1 = \sqrt{\varepsilon_0 \varepsilon_2}$。

将 $k_1 = 2\pi/\lambda_1$ 代入 $k_1 L = \pi/2$,得到 $L = D = \lambda_1/4$。

**13.** 平面电磁波以 $\theta = 45°$ 从真空入射到 $\varepsilon_r = 2$ 的介质,电场强度垂直于入射面,求反射系数和折射系数。

**解** 根据电场强度垂直于入射面时,反射系数和透射系数的计算公式分别为

$$R = \frac{\sqrt{\varepsilon_1} \cos\theta_1 - \sqrt{\varepsilon_2} \cos\theta_2}{\sqrt{\varepsilon_1} \cos\theta_1 + \sqrt{\varepsilon_2} \cos\theta_2}, \quad T = \frac{2\sqrt{\varepsilon_1} \cos\theta_1}{\sqrt{\varepsilon_1} \cos\theta_1 + \sqrt{\varepsilon_2} \cos\theta_2} \tag{7-4}$$

式中:$\varepsilon_1 = \varepsilon_0$,$\varepsilon_2 = \varepsilon_0 \varepsilon_r = 2\varepsilon_0$,$\theta_1 = 45°$。

根据入射角和透射角的关系 $\sqrt{\varepsilon_0 \mu_0} \sin\theta_1 = \sqrt{\varepsilon_r \varepsilon_0 \mu_0} \sin\theta_2$,可得 $\theta_2 = 30°$,代入式(7-4),得反射系数和透射系数分别为

$$R = \frac{1-\sqrt{3}}{1+\sqrt{3}}, \quad T = \frac{2}{1+\sqrt{3}}$$

**14.** 有一可见平面光波由水入射到空气,入射角为 60°,证明:全反射现象发生。求

表面波的相速度和透入空气的深度。设光波在空气中的波长为 $\lambda_0 = 6.28 \times 10^{-5}$ cm,水的折射率为 $n = 1.33$。

**解** 由折射定律得,临界角 $\theta_c = \arcsin\left(\dfrac{1}{1.33}\right) \approx 49°$,所以当平面光波以 $60°$ 角入射时,将会发生全反射。

交界面表面波的波数为

$$k_x = k\sin\theta$$

所以表面波的相速度为

$$v_p = \frac{\omega}{k_x} = \frac{\omega}{k\sin\theta} = \frac{c}{n\sin\theta} = \frac{c}{\dfrac{4}{3} \times \dfrac{\sqrt{3}}{2}} = \frac{\sqrt{3}}{2}c$$

透入空气的深度为

$$\delta = \frac{\lambda_1}{2\pi\sqrt{\sin^2\theta - n^2}} = \frac{6.28 \times 10^{-5}}{2\pi\sqrt{\sin^2 60 - (3/4)^2}} \approx 1.7 \times 10^{-5}(\text{cm})$$

**15.** 水在光频段的相对介电常数为 $1.75$。在距离水面 $d$ 处的各向同性的光源产生了一半径为 $5$ m 的圆形亮区,求光源距水面的距离 $d$。

**解** 由题意可知,发生全反射的临界角为

$$\theta = \arcsin\left(\sqrt{\frac{1}{\varepsilon_r}}\right) = \arcsin\left(\sqrt{\frac{1}{1.75}}\right) \approx 49°$$

由于发生全反射的半径 $r = 5$ m,则光源距离水面的距离 $d = r/\tan\theta \approx 4.3$ m。

**16.** 设圆极化平面电磁波为 $\vec{E}(z) = \vec{E}_0(\hat{e}_x - \mathrm{j}\hat{e}_y)\mathrm{e}^{-\mathrm{j}kz}$,当其垂直入射到 $z = 0$ 的理想导体平面,求解如下问题:

(1) 入射平面波为左旋圆极化波还是右旋圆极化波,反射波极化情况;

(2) 导体平面感应面电流;

(3) 总电磁场的瞬时表达式。

**解** (1) 入射平面波 $x$ 分量初始相位为 $0$,$y$ 分量相位为 $-\pi/2$,两分量的振幅相等,故入射平面波为右旋圆极化波。反射波为

$$\vec{E}(z) = \vec{E}_0(\hat{e}_x + \mathrm{j}\hat{e}_y)\mathrm{e}^{\mathrm{j}kz},$$

反射波也为右旋圆极化波。

(2) 入射波,有

$$E_x = E_0\mathrm{e}^{-\mathrm{j}kz}, \quad E_y = -\mathrm{j}E_0\mathrm{e}^{-\mathrm{j}kz}$$

由 $\nabla \times \vec{E} = -\mathrm{j}\omega\mu_0\vec{H}$,有

$$\vec{H}(z) = -\frac{1}{\mathrm{j}\omega\mu_0}\nabla \times \vec{E} = -\frac{1}{\mathrm{j}\omega\mu_0}\left(-\hat{e}_x\frac{\partial E_y}{\partial z} + \hat{e}_y\frac{\partial E_x}{\partial z}\right)$$

$$= \hat{e}_x\frac{\mathrm{j}E_0 k}{\omega\mu_0}\mathrm{e}^{-\mathrm{j}kz} + \hat{e}_y\frac{E_0 k}{\omega\mu_0}\mathrm{e}^{-\mathrm{j}kz} = \mathrm{j}\hat{e}_x\sqrt{\frac{\varepsilon_0}{\mu_0}}E_0\mathrm{e}^{-\mathrm{j}kz} + \hat{e}_y\sqrt{\frac{\varepsilon_0}{\mu_0}}E_0\mathrm{e}^{-\mathrm{j}kz}$$

在垂直入射到理想导体表面后,电磁波会发生全反射。

反射波的电场为

$$E_{rx} = E_0 \, \mathrm{e}^{\mathrm{j}kz} \, , \quad E_{ry} = \mathrm{j}E_0 \, \mathrm{e}^{\mathrm{j}kz}$$

$$\vec{H}_r(z) = -\frac{1}{\mathrm{j}\omega\mu_0} \boldsymbol{\nabla} \times \vec{E}_r = \mathrm{j}\hat{e}_x \sqrt{\frac{\varepsilon_0}{\mu_0}} E_0 \, \mathrm{e}^{\mathrm{j}kz} - \hat{e}_y \sqrt{\frac{\varepsilon_0}{\mu_0}} E_0 \, \mathrm{e}^{\mathrm{j}kz}$$

至此，可以求出 $z<0$ 区域内的总电场与总磁场分别为

$$\vec{E}_1(z) = \hat{e}_x(E_x + E_{rx}) + \hat{e}_y(E_y + E_{ry}) = 2E_0\cos(kz)\hat{e}_x - 2E_0\sin(kz)\hat{e}_y$$

$$\vec{H}_1(z) = \hat{e}_x(H_x + H_{rx}) + \hat{e}_y(H_y + H_{ry}) = 2\mathrm{j}\sqrt{\frac{\varepsilon_0}{\mu_0}}E_0\cos(kz)\hat{e}_x - 2\mathrm{j}\sqrt{\frac{\varepsilon_0}{\mu_0}}E_0\sin(kz)\hat{e}_y$$

理想导体平面上的面电流密度为

$$\vec{J}_S = \hat{e}_z \times \vec{H}_1(z)|_{(z=0)} = -\hat{e}_z \times \left( 2\mathrm{j}\sqrt{\frac{\varepsilon_0}{\mu_0}}E_0\cos(kz)\hat{e}_x - 2\mathrm{j}\sqrt{\frac{\varepsilon_0}{\mu_0}}E_0\sin(kz)\hat{e}_y \right)\Bigg|_{(z=0)}$$

得

$$\vec{J}_S(z) = -2\mathrm{j}\sqrt{\frac{\varepsilon_0}{\mu_0}}E_0\hat{e}_y$$

（3）由（2）可知，$z<0$ 区域内的总电场与总磁场分别为

$$\vec{E}_1(z) = 2E_0\cos(kz)\hat{e}_x - 2E_0\sin(kz)\hat{e}_y$$

$$\vec{H}_1(z) = 2\mathrm{j}\sqrt{\frac{\varepsilon_0}{\mu_0}}E_0\cos(kz)\hat{e}_x - 2\mathrm{j}\sqrt{\frac{\varepsilon_0}{\mu_0}}E_0\sin(kz)\hat{e}_y$$

**17.** 频率 $f = 4.025$ MHz 的均匀平面电磁波以 $60°$ 入射角入射均匀电离层，电离层的临界频率 $f_\mathrm{p} = 9$ MHz，求：

（1）当入射波电场矢量与入射面分别垂直和平行（垂直入射或者平行入射）时，求电离层的反射系数；

（2）对于垂直极化波，求反射波电场振幅与入射波电场振幅之比；

（3）以 $60°$ 入射角入射电离层产生全反射的最高频率。

**解**　（1）非磁化的电离层的相对介电常数各向同性，即

$$\varepsilon_\mathrm{r} = 1 - \left(\frac{\omega_\mathrm{p}}{\omega}\right)^2 = 1 - \left(\frac{f_\mathrm{p}}{f}\right)^2 \approx -4$$

当电磁波从空气入射到电离层中时，折射率为

$$n = \sqrt{\frac{\varepsilon_0 \varepsilon_\mathrm{r}}{\varepsilon_0}} = \sqrt{\varepsilon_\mathrm{r}}$$

由于 $n^2 = -4 < 0$，所以当入射波电场矢量与入射面垂直和平行时，其反射系数分别为

$$\Gamma_\perp = \frac{\cos\theta_\mathrm{i} - \mathrm{j}\sqrt{\sin^2\theta_\mathrm{i} - n^2}}{\cos\theta_\mathrm{i} + \mathrm{j}\sqrt{\sin^2\theta_\mathrm{i} - n^2}} = -0.90 - 0.44\mathrm{j}$$

$$\Gamma_\parallel = \frac{n^2\cos\theta_\mathrm{i} - \mathrm{j}\sqrt{\sin^2\theta_\mathrm{i} - n^2}}{n^2\cos\theta_\mathrm{i} + \mathrm{j}\sqrt{\sin^2\theta_\mathrm{i} - n^2}} = -0.086 + 0.996\mathrm{j}$$

二者反射系数的模均为 1，表明垂直和平行极化入射波均会发生全反射。

（2）由（1）可知，垂直极化波的反射系数为

$$\Gamma_\perp = \frac{\cos\theta_i - j\sqrt{\sin^2\theta_i - n^2}}{\cos\theta_i + j\sqrt{\sin^2\theta_i - n^2}} = -0.90 - 0.44i = e^{-j\varphi}$$

式中：$\varphi = 154°$

所以反射波与入射波电场振幅之比约为 1，反射波与入射波的相位差为 $154°$。

（3）若要在 $\theta_i = 60°$ 时发生全反射，即要求透射角 $\theta_t = 90°$，由

$$\sqrt{\varepsilon_0}\sin\theta_i = \sqrt{\varepsilon_0\varepsilon_r}\sin\theta_t$$

得到

$$\varepsilon_r = \frac{\sin^2\theta_i}{\sin^2\theta_t} = 0.75$$

再由

$$\varepsilon_r = 1 - \left(\frac{\omega_p}{\omega}\right)^2 = 1 - \left(\frac{f_p}{f}\right)^2$$

因此，以 $60°$ 入射角入射电离层产生全反射的最高频率为 $f = f_p\sqrt{1 - \frac{\sin^2\theta_i}{\sin^2\theta_t}} = 4.5\ \text{MHz}$，低于该频率的入射电磁波均发生全反射。

**18.** 证明：均匀平面波垂直入射良导体表面透射与入射功率之比约为 $\frac{4R_s}{\eta_0}$。

**证** 电磁波从理想介质空间入射良导体界面时，其透射系数为

$$T = \frac{2\eta_2}{\eta_2 + \eta_0}$$

式中：$\eta_2 = R_s(1 + j) = \sqrt{\frac{\omega\mu}{2\sigma}}(1 + j)$ 为良导体的波阻抗，$\eta_0$ 为真空波阻抗。

对于良导体，存在 $\eta_2 \ll \eta_0$，则透射系数为

$$T \approx \frac{2\eta_2}{\eta_0}$$

设入射波电场为 $\vec{E}_i = \hat{e}_x E_0 e^{-jkz}$，则磁场 $\vec{H}_i = \hat{e}_y \frac{E_0}{\eta_0} e^{-jkz}$，平均坡印廷矢量为

$$\vec{S}_{ai} = \frac{1}{2}\text{Re}[\vec{E}_i \times \vec{H}_i] = \frac{1}{2}\frac{|E_0|^2}{\eta_0}\hat{e}_z$$

透射波的电场和磁场分别为

$$\vec{E}_t = \hat{e}_x TE_0 e^{-jk_2 z}, \quad \vec{H}_t = \hat{e}_y \frac{TE_0}{\eta_2} e^{-jk_2 z}$$

在良导体表面的平均坡印廷矢量为

$$\vec{S}_{at} = \frac{1}{2}\text{Re}[\vec{E}_t \times \vec{H}_t] = \hat{e}_z \frac{1}{2}|T|^2|E_0|^2\text{Re}\left(\frac{1}{\eta_2}\right)$$

单位面积进入良导体内的功率等于良导体表面的平均坡印廷矢量大小，则进入到良导体的功率与入射波功率之比为

$$\frac{S_{at}}{S_{ai}} = |T|^2\eta_0\text{Re}\left(\frac{1}{\eta_2}\right) \approx \frac{4|\eta_2|^2}{|\eta_0|^2} \cdot \eta_0 \cdot \sqrt{\frac{2\sigma}{\omega\mu}}$$

$$\approx \frac{4}{\eta_0} \frac{\omega\mu}{\sigma} \sqrt{\frac{\sigma}{2\omega\mu}} = \frac{4}{\eta_0} \sqrt{\frac{\omega\mu}{2\sigma}} = \frac{4 R_s}{\eta_0}$$

**19.** 证明:良导体单位表面积的表面阻抗率为 $Z_s = \tilde{\eta} = R_s + jX_s = \frac{1}{\sigma\delta}(1+j)$。

**证** 导电介质中的谐变电磁场与理想介质中的谐变电磁场满足相同的波动方程,即

$$\begin{cases} \mathbf{\nabla}^2 \vec{E} + k^2 \vec{E} = 0 \\ k = \omega \sqrt{\varepsilon' \mu} \end{cases}$$

式中:$k$ 为复波矢的大小。$\tilde{\eta} = \sqrt{\mu/\varepsilon'}$ 为复波阻抗,假设电磁波沿导电介质 $z$ 方向传播,$\alpha$、$\beta$ 只有 $z$ 分量,利用复波矢的定义

$$k^2 = \alpha^2 - \beta^2 - 2j\alpha\beta = \omega^2 \mu\varepsilon \left(1 - j\frac{\sigma}{\omega\varepsilon}\right)$$

得到复波数的实部和虚部满足如下方程:

$$\begin{cases} \beta^2 - \alpha^2 = \omega^2 \mu\varepsilon \\ 2\alpha\beta = \omega\sigma\mu \end{cases}$$

$$\begin{cases} \alpha = \left(\frac{\omega^2 \mu\varepsilon}{2}\right)^{1/2} \left[\sqrt{1 + \left(\frac{\sigma}{\omega\varepsilon}\right)^2} + 1\right]^{1/2} \\ \beta = \left(\frac{\omega^2 \mu\varepsilon}{2}\right)^{1/2} \left[\sqrt{1 + \left(\frac{\sigma}{\omega\varepsilon}\right)^2} - 1\right]^{1/2} \\ \tilde{\eta} = \sqrt{\frac{\mu}{\varepsilon'}} = |\tilde{\eta}| e^{j\Phi} = \sqrt{\frac{\mu}{\varepsilon}} \left[1 + \left(\frac{\sigma}{\omega\varepsilon}\right)^2\right]^{1/4} \exp\left[j\frac{1}{2}\tan^{-1}\left(\frac{\sigma}{\omega\varepsilon}\right)\right] \end{cases}$$

对于良导体,$\sigma/(\omega\varepsilon) \gg 1$,穿透深度 $\delta = 1/\alpha = \sqrt{2/(\omega\mu\sigma)}$,$\tilde{\eta}$ 可以进行如下简化:

$$\tilde{\eta} = \sqrt{\frac{\mu}{\varepsilon}} \left[1 + \left(\frac{\sigma}{\omega\varepsilon}\right)^2\right]^{1/4} \exp\left[j\frac{1}{2}\tan^{-1}\left(\frac{\sigma}{\omega\varepsilon}\right)\right] = \sqrt{\frac{\omega\mu}{\sigma}} \exp(j45°)$$

$$= \sqrt{\frac{\omega\mu}{2\sigma}}(1+j) = R_s + jX_s = \frac{1}{\sigma\delta}(1+j)$$

得证。

**20.** 图 7-2 所示的为吸波层设计原理图,即在理想导体平面上覆盖一厚度为四分之一波长的薄膜层,再在薄膜层表面涂覆导电介质层,即可以实现垂直导体平面入射波的全吸收。试确定入射波全吸收的涂层厚度和涂层电导率常数。

**解** 设介质 1 为入射的真空区域,其波阻抗为

$$\eta_1 = \sqrt{\frac{\mu_1}{\varepsilon_1}} = \sqrt{\frac{\mu_0}{\varepsilon_0}}$$

介质 2 为导电介质涂层,其波阻抗为

$$\eta_2 = \sqrt{\frac{\omega\mu_2}{\sigma_2}} e^{j45°}$$

式中:$\sigma_2$ 为导电介质的电导率。

介质 3 为四分之一波长的薄膜层,其波阻抗为

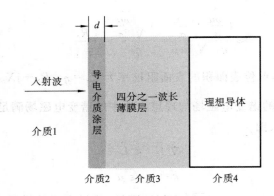

**图 7-2 第 20 题题图**

$$\eta_3 = \sqrt{\frac{\mu_3}{\varepsilon_3}}$$

介质 4 为理想导体，其波阻抗为

$$\eta_4 = \sqrt{\frac{\omega\mu_4}{\sigma_4}}\, e^{j45°} = 0$$

理想导体的电导率 $\sigma_4 \to \infty$。

四分之一薄膜层（介质 3）与理想导体（介质 4）的等效波阻抗为

$$\eta_{ef2} = \eta_3 \frac{\eta_4 + j\eta_3 \tan(k_3 d_3)}{\eta_3 + j\eta_4 \tan(k_3 d_3)} = \eta_3 \frac{j\eta_3 \tan\left(\frac{2\pi}{\lambda_3} \cdot \frac{\lambda_3}{4}\right)}{\eta_3} = j\eta_3 \tan\left(\frac{\pi}{2}\right) \to \infty$$

导电介质涂层界面（介质 2）和介质 3、介质 4 的等效波阻抗为

$$\eta_{ef_1} = \eta_2 \frac{\eta_{ef_2} + \eta_2 \tanh(k_2 d_2)}{\eta_2 + \eta_{ef_2} \tanh(k_2 d_2)} = \frac{\eta_2}{\tanh(k_2 d_2)}$$

式中：tanh 为双曲正切函数；$k_2$ 为导电介质涂层的传播常数，由于介质 2 导电涂层很薄，满足 $k_2 d_2 \ll 1$，可取 $\tanh(k_2 d_2) \approx k_2 d_2$，则 $\eta_{ef_1} \approx \eta_2 / k_2 d_2$。

空气与导电涂层界面上的反射系数为

$$\Gamma = \frac{\eta_{ef_1} - \eta_1}{\eta_{ef_1} + \eta_1}$$

要使电磁波在介质 1 中不反射，必须满足条件：

$$\eta_{ef_1} = \eta_1 = \eta_0$$

因此可以得到：

$$\eta_0 = \frac{\eta_2}{\gamma_2 d_2}$$

将良导体中的传播常数 $k_2 = \sqrt{\omega\mu_2\sigma_2}\, e^{j45°}$ 和波阻抗 $\eta_2 = \sqrt{\omega\mu_2/\sigma_2}\, e^{j45°}$ 代入 $\eta_0 = \dfrac{\eta_2}{k_2 d_2}$ 中，得

$$d_2 = \frac{\eta_2}{\eta_0 \gamma_2} = \frac{1}{\sigma_2 \eta_0} = \frac{1}{377\sigma_2}$$

因此，导电介质涂层（介质 2）的厚度 $d_2$ 满足 $d_2 = 1/377\sigma_2$ 时，就可以消除介质 3 的反射波，即电磁波从空气入射到介质 3 和介质 4 的交界面时，不会产生回波，从而实现导体

平面垂直入射波的全吸收。

**21.** $z>0$ 为介电常数 $\varepsilon_3$ 的介质 3 空间,在此介质前为一介质薄片,厚度为 $L$,介电常数为 $\varepsilon_2$,一平面波自介质 1(介电常数为 $\varepsilon_1$)入射到介质薄片,如图 7-3 所示,证明:当 $\varepsilon_1=\varepsilon_3$,$L=\lambda_2/2$($\lambda_2$ 为电磁波在介质薄片中的波长)时,电磁波无反射而全部透射。

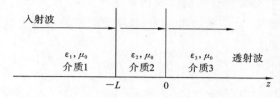

入射波

$\varepsilon_1,\mu_0$ 介质1    $\varepsilon_2,\mu_0$ 介质2    $\varepsilon_3,\mu_0$ 介质3    透射波

$-L$    $0$    $z$

**图 7-3 第 21 题题图**

**证** 如果介质 1、介质 3 的波阻抗相等,当介质 2 的最小厚度为 $L=\lambda_2/2$ 时,$k_2L=\pi$,则等效波阻抗为

$$\eta_{ef}(-L)=\eta_2\frac{\eta_3+j\eta_2\tan(k_2L)}{\eta_2+j\eta_3\tan(k_2L)}=\eta_3$$
$$\eta_3=\eta_1$$

反射系数为

$$\Gamma=\frac{\eta_{ef}-\eta_1}{\eta_{ef}+\eta_1}=0$$

所以电磁波无反射而全部透射。

**22.** 平面电磁波从真空垂直入射到介电常数为 $\varepsilon=1/4\,\varepsilon_0$、$\mu=\mu_0$ 的介质,电场强度平行于入射面,求反射系数和折射系数。

**解** 反射系数和透射系数的计算公式分别为

$$\Gamma=\frac{E_r}{E_i}=\frac{\eta_2-\eta_1}{\eta_2+\eta_1},\quad T=\frac{E_t}{E_i}=\frac{2\eta_2}{\eta_2+\eta_1}$$

真空和介质的波阻抗分别为

$$\eta_1=\sqrt{\frac{\mu_0}{\varepsilon_0}},\quad \eta_2=\sqrt{\frac{\mu_0}{1/4\varepsilon_0}}=2\eta_1$$

代入反射系数和投射系数的计算公式,可以得到反射系数 $\Gamma=1/3$,透射系数为 $T=4/3$。

**23.** 平面电磁波的电场为 $\vec{E}(z,t)=\hat{e}_x E_0\cos(2\pi\times10^9 t-kz)$,$E_0$ 为常量。

(1)求该平面电磁波磁场的表达式及自由空间中该平面波的波长和相速。

(2)证明:该平面电磁波能分解为两个振幅相等旋转方向相反的圆极化波叠加。

(3)该平面波自 $z=0$ 处垂直入射到厚度为 $L$、左旋和右旋极化波有不同相位传播速度的特殊介质片,求 $z=L$ 处透射波电场的方向和极化状态。

**解** (1)$\vec{H}(z,t)=\frac{1}{\eta_0}\hat{e}_z\times\vec{E}(z,t)=\hat{e}_y\frac{E_0}{\eta_0}\cos(2\pi\times10^9 t-kz)$

式中:$\eta_0$ 为真空波阻抗。在真空中波的传播速度为光速,即 $v=3\times10^8$ m/s,所以 $\lambda=c/f=30$ cm。

（2）因为有

$$\vec{E}(z,t)=\left[\frac{E_0}{2}(\hat{e}_x+\mathrm{j}\hat{e}_y)+\frac{E_0}{2}(\hat{e}_x-\mathrm{j}\hat{e}_y)\right]\mathrm{e}^{\mathrm{j}(2\pi\times10^9 t-kz)}$$

得证。

（3）特殊介质片中左旋和右旋极化波传播速度分别为 $v_1$、$v_2$，且 $v_1\neq v_2$，对应的波数分别为 $k_1$ 和 $k_2$。求得 $z=L$ 处透射波为（忽略反射对波动幅度减小）

$$\begin{aligned}\vec{E}(z,t)=&\left[\frac{E_0}{2}(\hat{e}_x+\mathrm{j}\hat{e}_y)\exp(-\mathrm{j}k_2 L)\right.\\&\left.+\frac{E_0}{2}(\hat{e}_x-\mathrm{j}\hat{e}_y)\exp(-\mathrm{j}k_1 L)\right]\cos\left[2\pi\times10^9 t-k(z-L)\right]\\=&E_0\exp\left(\mathrm{j}\frac{k_2+k_1}{2}L\right)\left[\hat{e}_x\cos\left(\frac{k_2-k_1}{2}L\right)\right.\\&\left.+\hat{e}_y\sin\left(\frac{k_2-k_1}{2}L\right)\right]\cos\left[2\pi\times10^9 t-k(z-L)\right]\end{aligned}$$

上式仍然为线极化平面电磁波，但电场振动方向相比较原 $z=0$ 处入射波极化方向发生了旋转，旋转角度为

$$\varphi=\frac{k_2-k_1}{2}L=\pi f\left(\frac{v_1-v_2}{v_1 v_2}\right)L$$

# 8

# 电磁波辐射

## 要点概述

本章讲述加速运动电荷或时变电流辐射电磁波。本章总结电磁波基本辐射单元天线的电磁波辐射,主要内容包括天线电磁波辐射的分析与计算方法、电偶极子和磁偶极子辐射特性、天线概念及其主要参数、广义麦克斯韦方程组、时变电磁场镜像原理及其应用,以及雷达的基本概念和工作原理。

## 8.1 天线外部空间电磁场

根据天线外部空间电磁场的特点,外部空间可以分为三个区域。

近场区:观测点在天线体的附近,称为近场区,具有静态场特点。在近场区,天线体电荷或电流直接产生的电磁场远大于电磁场相互激发所产生的电磁场。

感应区:观测点位于与天线体的距离约在波长的数量级的范围内,称为感应区。在感应区内,电磁场既包含源直接产生的场,也包含由时变电磁场相互激发产生的电磁场,二者在数量级上相当,同时并存。

远场区:观测点远离源区,又称为辐射区。在该区域内,天线体电流或电荷直接产生的电磁场随距离增加而迅速衰减,时变电磁场相互激发具有波动特点的电磁场占主要地位。

## 8.2 天线辐射场的计算

(1) 由磁矢势计算磁场,即

$$\vec{H}(\vec{r}) = \frac{1}{\mu_0} \mathbf{\nabla} \times \vec{A}(\vec{r})$$

由磁场计算电场,即

$$\vec{E}(\vec{r}) = \frac{\mathrm{j}}{\omega\varepsilon_0}\boldsymbol{\nabla}\times\vec{H}(\vec{r})$$

（2）磁矢势的多极矩展开为

$$\vec{A}(\vec{r}) = \frac{\mu_0}{4\pi r}\,\mathrm{e}^{-\mathrm{j}kr}\iiint\limits_V \vec{J}(\vec{r}\,')\left[1 + \mathrm{j}k\hat{e}_r\cdot\vec{r}\,' + \frac{1}{2!}\,(\mathrm{j}k\hat{e}_r\cdot\vec{r}\,')^2 + \cdots\right]\mathrm{d}V'$$

$$= \vec{A}^{(0)}(\vec{r}) + \vec{A}^{(1)}(\vec{r}) + \vec{A}^{(2)}(\vec{r}) + \cdots$$

式中：$\vec{A}^{(0)}(\vec{r})$ 为天线体内电偶极矩对磁矢势的贡献；$\vec{A}^{(1)}(\vec{r})$ 为磁偶极矩和电四极矩对磁矢势的贡献；$\vec{A}^{(2)}(\vec{r})$ 为磁四极矩和电八极矩对磁矢势的贡献……

## 8.3 单元天线的辐射场

电偶极子天线的辐射场为

$$\begin{cases} E_\theta \approx \mathrm{j}\,\dfrac{I_0}{2}\,\dfrac{L}{\lambda}\,\dfrac{\sin\theta}{r}\sqrt{\dfrac{\mu_0}{\varepsilon_0}}\,\mathrm{e}^{-\mathrm{j}kr} \\[3mm] H_\varphi \approx \mathrm{j}\,\dfrac{I_0}{2}\,\dfrac{L}{\lambda}\,\dfrac{\sin\theta}{r}\,\mathrm{e}^{-\mathrm{j}kr} \end{cases}$$

磁偶极子天线的辐射场为

$$\begin{cases} E_\varphi \approx \dfrac{m\,k^2}{4\pi r}\sqrt{\dfrac{\mu_0}{\varepsilon_0}}\sin\theta\,\mathrm{e}^{-\mathrm{j}kr} = \dfrac{m\,\mu_0\,\omega}{2\lambda r}\sin\theta\,\mathrm{e}^{-\mathrm{j}kr} \\[3mm] H_\theta \approx -\dfrac{m\,k^2}{4\pi r}\sin\theta\,\mathrm{e}^{-\mathrm{j}kr} = -\dfrac{m\,\mu_0\,\omega}{2\lambda r}\sqrt{\dfrac{\varepsilon_0}{\mu_0}}\sin\theta\,\mathrm{e}^{-\mathrm{j}kr} \end{cases}, \quad m = I_0\Delta s$$

单元天线辐射场的主要特性如下。

线极化球面波；横电磁（TEM）波；电场与磁场之比为自由空间特性阻抗 $\eta_0 \approx 120\pi$；能流密度有方向性。

电偶极子天线的辐射电阻为

$$R_\mathrm{r}\,\big|_{\text{理想}} = \frac{2P}{I_0^{\,2}} = 80\,\pi^2\left(\frac{L}{\lambda}\right)^2$$

式中：$L$ 为电流振子长度。

磁偶极子天线的辐射电阻为

$$R_\mathrm{r}\,\big|_{\text{理想}} = \frac{2P}{I_0^{\,2}} = 320\,\pi^4\left(\frac{S}{\lambda^2}\right)^2$$

式中：$S$ 为电流环面积。

天线辐射场参数有极化因子、幅度、电流、结构因子、距离因子、方向因子、相位因子。

## 8.4 广义麦克斯韦方程组

应用等效方法引入假想的磁荷和磁流，磁荷-磁流激发的电磁场与电荷-电流激发的电磁场满足的麦克斯韦方程组互为对偶。

从电荷-电流的麦克斯韦方程组可以得到磁荷-磁流的麦克斯韦方程组：

$$\begin{cases} \nabla \cdot \vec{E}_e = \dfrac{\rho_e}{\varepsilon}, \nabla \times \vec{E}_e = -\mu \dfrac{\partial \vec{H}_e}{\partial t} \\ \nabla \cdot \vec{H}_e = 0, \nabla \times \vec{H}_e = \vec{J}_e + \varepsilon \dfrac{\partial \vec{E}_e}{\partial t} \end{cases} \leftrightarrow \begin{cases} \nabla \cdot \vec{E}_m = 0, \nabla \times \vec{E}_m = -\vec{J}_m - \mu \dfrac{\partial \vec{H}_m}{\partial t} \\ \nabla \cdot \vec{H}_m = \dfrac{\rho_m}{\mu}, \nabla \times \vec{H}_m = \varepsilon \dfrac{\partial \vec{E}_m}{\partial t} \end{cases}$$

式中：对偶变量的互换为 $\vec{E}_e \leftrightarrow \vec{H}_m, \vec{H}_e \leftrightarrow -\vec{E}_m, \vec{J}_e \leftrightarrow \vec{J}_m, \rho_e \leftrightarrow \rho_m, \varepsilon \leftrightarrow \mu$。

利用对偶变量替换可以从电偶极子天线的辐射场得到磁偶极子天线的辐射场，即

$$\begin{cases} E_\theta \approx j \dfrac{I_0}{2} \dfrac{L}{\lambda} \dfrac{\sin\theta}{r} \sqrt{\dfrac{\mu_0}{\varepsilon_0}} e^{-jkr} \\ H_\varphi \approx j \dfrac{I_0}{2} \dfrac{L}{\lambda} \dfrac{\sin\theta}{r} e^{-jkr} \end{cases} \xrightarrow[\substack{\vec{H}_e \leftrightarrow -\vec{E}_m \\ \varepsilon \leftrightarrow \mu}]{\vec{E}_e \leftrightarrow \vec{H}_m} \begin{cases} H_\theta \approx j \dfrac{I_{m0}}{2} \dfrac{L}{\lambda} \dfrac{\sin\theta}{r} \sqrt{\dfrac{\varepsilon_0}{\mu_0}} e^{-jkr} \\ E_\varphi \approx -j \dfrac{I_{m0}}{2} \dfrac{L}{\lambda} \dfrac{\sin\theta}{r} e^{-jkr} \end{cases}$$

## 8.5 时变电磁场的镜像原理

如果界面上感应面电荷和面电流及源同步变化，那么镜像原理完全可以适用时谐电磁场。电偶极子、磁偶极子的镜像如图 8-1 所示。

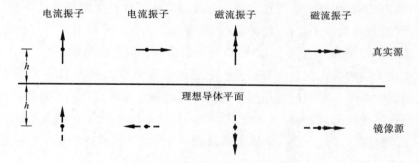

**图 8-1** 电偶极子、磁偶极子的镜像

## 8.6 雷达工作原理

（1）雷达工作原理：距离、方位、速度的测量。

（2）多普勒效应：运动目标向观测者靠近时，频率增加；运动目标向观测者远离时，观测者测量频率减小。

$$\Delta f = \pm \dfrac{2v_r}{\lambda}$$

（3）相控阵概念与相控阵天线工作原理。

🌀 **基本要求**

掌握电磁波与源之间的关系，了解辐射场的研究方法。掌握电偶极子、磁偶极子近

区场和远区场的性质。掌握广义麦克斯韦方程组的物理意义,了解电与磁的对偶关系,熟悉电偶极子和磁偶极子近、远区电磁场的互换关系。了解阵列天线的窄波特性的形成原因。熟悉雷达的基本工作原理。

## 思考与练习题 8

**1.** 简述天线辐射和接收电磁波的工作原理,该原理对天线的实际应用有哪些指导意义?

**解**　一方面,天线上随时间进行简谐变化的电流将在其周围激发出时谐磁场,变化的磁场又将激发出时谐电场,电、磁场的相互激发形成空间的电磁辐射。另一方面,天线激发的电磁场又将作用于天线中的电荷和电流,影响天线上的电流和电荷分布,受到影响的电流和电荷分布又将影响天线的辐射场。对接收天线而言,辐射电磁场可驱动天线体中电荷运动,形成接收电磁信号的电流,从而实现对来波电磁信号的接收。

因此,天线体上的运动电荷(源)与其激发的电磁场的相互作用、相互制约,作为一个整体构成天线辐射问题。严格意义上的天线辐射问题必须将辐射场、激励源和天线导体边界作为一个整体求解。但这样将使问题的分析与计算变得复杂。理论分析与实验表明,天线辐射场反过来对自身电流或运动电荷的影响十分有限。

**2.** 天线应用于电磁波信号接收时,极化如何影响接收性能与效果?

**解**　接收天线的极化状态应与被接收电磁波的极化状态相匹配,才能最大限度地接收该电磁波的功率。不同的应用可以选用不同的极化方式获得最佳效果。比如卫星通信通常选择圆极化波,因为可以缓解卫星姿态和轨道偏移导致的信号衰弱。

**3.** 从雷达与通信功能出发,分析电磁波在其中的作用,雷达与通信的功能又如何通过电磁波来实现?

**解**　雷达即无线电探测与测距,也称为无线电定位。雷达发现目标的物理基础是电磁波在传播过程中遇到目标产生二次散射。雷达测定距离的物理基础是电磁波在均匀介质中匀速直线传播。雷达测定目标速度的物理基础是目标回波的多普勒效应。

雷达通信技术是雷达系统与通信技术结合的产物,将雷达、发射机、接收机、通信处理模块与信号通道作为载体接收无线电磁波信号,并通过信号处理来实现信息的分析与传输,最终实现雷达通信。

**4.** 天线外部电磁场有哪些特点? 天线外部的电磁场是否全为辐射场? 辐射电阻度量哪一部分电磁场?

**解**　天线外部空间的电磁场包含由电流或电荷直接激发的电磁场和时谐电磁场相互激发的辐射电磁场两部分。天线外部的电磁场不完全是辐射场。辐射电阻度量的是时谐电磁场相互激发的辐射电磁场部分。

**5.** 天线近场区的主要贡献者是什么? 远区场的主要贡献者是什么? 它们随距离变化有何特点? 它们为什么有这样的特点?

**解**　近场区中,天线体电流或电荷直接产生的电磁场远大于电磁场相互激发所产生的电磁场,可以采取静态场进行分析计算。以电偶极子天线为例,近场区电场函数随距离的立方而衰减,磁场随距离的平方而衰减。

远场区中,天线体电流或电荷直接产生的电磁场随距离增加迅速衰减,时变电磁场相互激发具有波动特点的电磁场占主要成分,该部分即是天线的辐射场。电偶极子天线远场区中辐射场随距离的一次方而衰减。

**6.** 简述辐射、反射、绕射、散射的物理本质,它们之间是否有联系?

**解** 辐射表示时变电磁场相互激发具有波动特点的电磁场。

反射表示电磁波在遇到别的介质分界面而部分返回原来介质中传播的现象。

绕射表示电磁波在传播过程中,被一个大小近于或小于波长的物体阻挡,电磁波绕过这个物体继续传播的现象。

衍射表示电磁波遇到一个大小近于或小于波长的孔,就以孔为中心,形成环形波向前传播的现象。

散射是指当电磁波入射到宏观物体或微观电子上时,引起物体上的诱导电荷和电流,或改变电子运动,从而向各个方向辐射电磁波的现象。

这些现象本质上都是波与介质的相互作用。严格意义上说,电磁波的反射、衍射、绕射现象均与散射相联系,或者说其中的全部或者部分为散射场。

**7.** 描述天线特性有哪些参数?天线辐射场是否有方向特性,是什么原因导致天线辐射场的方向性的?

**解** 天线辐射特性的基本参数:极化因子表征天线辐射场的偏振特性;幅度为辐射场的常数因子;电流为馈电点的电流幅度,与发射功率相关;结构因子为与天线空间几何结构(有时称为电尺度)相关的因子;距离因子为天线相位中心点到场点的距离,表征球面波能量的扩散;方向因子为天线辐射场的方向特性;相位因子为天线与场点之间波传播的相位。

天线在空间辐射的电磁波具有方向性,在某些方向上辐射能力强,而在另外一些方向上辐射能力弱。

导致天线辐射场的方向性的原因是电磁波的干涉效应。

**8.** 同样长度的导线制作成电振子和圆环天线,工作于同样频率和输入功率,为什么圆环天线辐射能流密度小?计算长度为 $L \ll \lambda$ 的导线制成电流振子和磁偶极子天线对同一频率电磁波的辐射电阻之比值。

**解** 因为电流环上的电流方向不一致,导致其产生的辐射场有部分互相抵消,从而削弱了整个辐射场,所以圆环天线辐射能流密度小。

电偶振子的辐射电阻为

$$R_r = 80 \, \pi^2 \left( \frac{L}{\lambda} \right)^2$$

磁偶极子的辐射电阻为

$$R_r = 320 \, \pi^4 \left( \frac{S}{\lambda^2} \right)^2$$

二者之比为

$$\frac{80\pi^2\left(\dfrac{L}{\lambda}\right)^2}{320\pi^4\left(\dfrac{S}{\lambda^2}\right)^2}=\frac{L^2\lambda^2}{4\pi^2 S^2}$$

由于

$$S=\pi\left(\frac{L}{2\pi}\right)^2=\frac{L^2}{4\pi}$$

代入上式,得到

$$\frac{L^2\lambda^2}{4\pi^2 S^2}=\frac{L^2\lambda^2(4\pi)^2}{4\pi^2 L^4}=\frac{4\lambda^2}{L^2}$$

如果 $L\ll\lambda$,则比值趋近无穷大。

**9.** 设有电流振子天线和磁偶极子天线,它们之间满足

$$I_1 L=\frac{2\pi I_2 S}{\lambda}$$

式中:$I_1$ 和 $I_2$ 分别为电流振子和磁偶极子上的电流幅度;$L$ 为电流振子长度;$S$ 为小电流环(磁偶极子)的面积。

请问用这两个天线如何实现圆极化电磁波的辐射?

**解** 如果电偶极子天线沿 $z$ 轴放置,如图 8-2 所示,其辐射电场为

$$E_\theta=\mathrm{j}\frac{I_1 L\sin\theta}{2\lambda r}\sqrt{\frac{\mu_0}{\varepsilon_0}}\,\mathrm{e}^{-\mathrm{j}kr}$$

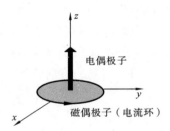

图 8-2 第 9 题题图

如果磁偶极子(电流环)天线放置在 $xOy$ 平面上,如图 8-2 所示,其辐射电场为

$$E_\varphi=\frac{I_2 Sk^2\sin\theta}{4\pi r}\sqrt{\frac{\mu_0}{\varepsilon_0}}\,\mathrm{e}^{-\mathrm{j}kr}$$

由于 $I_1 L=2\pi I_2 S/\lambda$,所以两种天线的电场振幅相等,相位相差 90°,电场矢量方向垂直,因此可以实现圆极化电磁波的辐射。

**10.** 简述镜像原理能用于时谐电磁场的原因,分析总结时变电磁场镜像方法。分析时变电磁场中镜像原理的应用是否存在条件? 如果存在,它们又是什么?

**解** 对时谐电磁场而言,只要介质(含导体)的极化、磁化、传导对外加电磁场能够即时响应,介质界面的边界条件与静态电磁场相同,时谐激励源与静态源在界面上感应面电荷和面电流服从相同的机理。因此静态电磁场镜像原理完全可以适用时谐电磁场,所不同的是源和镜像产生的电磁场在满足电磁场方程的边界条件时必须考虑波动

带来的相位影响。

**11.** 简述假想磁荷和磁流引入的原则。在磁荷满足守恒定律,磁荷和磁流激发的电磁场与电荷和电流激发的电磁场互为对偶的前提下,导出磁荷和磁流激发电磁场的麦克斯韦方程组。

**解**  应用等效方法引入假想的磁荷和磁流,磁荷满足守恒定律,磁荷和磁流激发的电磁场与电荷和电流激发的电磁场互为对偶。等效原则是假想磁流、磁荷所产生的电磁场完全等效区域内的原有电磁场。

磁荷和磁流激发电磁场的麦克斯韦方程组为

$$
\begin{cases}
\mathbf{\nabla} \cdot \vec{E}_m = 0 \\[2mm]
\mathbf{\nabla} \times \vec{E}_m = -\vec{J}_m - \mu \dfrac{\partial \vec{H}_m}{\partial t} \\[2mm]
\mathbf{\nabla} \cdot \vec{H}_m = \dfrac{\rho_m}{\mu} \\[2mm]
\mathbf{\nabla} \times \vec{H}_m = \varepsilon \dfrac{\partial \vec{E}_m}{\partial t}
\end{cases}
$$

**12.** 求相距为 $d$ 的两电流振子天线(如图 8-3 所示)在自由空间辐射的电磁场的分布。已知两电流振子天线上的电流强度和初相位完全相同,电流振子的长度均为 $L \ll \lambda$。分别得到 $d = \lambda$ 和 $d = 0.5\lambda$ 时的辐射的方向图。从该题中,你能够得到同类型多元天线辐射的什么特性?

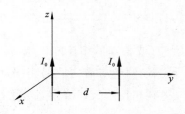

**图 8-3  第 12 题题图**

**解**  假设待求场点到原点的矢量连线与 $z$ 轴的夹角为 $\theta$,场点矢量在 $xOy$ 平面的投影与 $x$ 轴的夹角为 $\varphi$,相邻的天线接收该方向的相位差为

$$\delta = kd\sin\theta\sin\varphi$$

因此两天线产生的总辐射电场分别为

$$\vec{E} = \vec{E}_\theta + \vec{E}_\theta \, e^{j\delta}$$

$$E_\theta = j \frac{I_0 L \sin\theta}{2\lambda r} \sqrt{\frac{\mu_0}{\varepsilon_0}} e^{-jkr}$$

(1) 当 $d = \lambda$ 时,$\delta = kd\sin\theta\sin\varphi = \dfrac{2\pi}{\lambda}\lambda\sin\theta\sin\varphi = 2\pi\sin\theta\sin\varphi$,则

$$\vec{E} = \vec{E}_\theta + \vec{E}_\theta \, e^{j2\pi\sin\theta\sin\varphi}$$

当 $\theta = \dfrac{\pi}{2}$,$\sin\varphi\sin\theta = 0$ 或 $\sin\varphi\sin\theta = \pm 1$ 时,辐射强度最强。

当 $\theta = 0$ 时,$E_\theta = 0$,辐射强度为零;当 $\theta \neq 0$,$\sin\varphi\sin\theta = \pm 1/2$ 时,辐射强度为零。

(2) 当 $d=0.5\lambda$ 时，$\delta=kd\sin\theta\sin\varphi=\dfrac{2\pi}{2\lambda}\lambda\sin\theta\sin\varphi=\pi\sin\theta\sin\varphi$

$$\vec{E}=\vec{E}_\theta+\vec{E}_\theta\,\mathrm{e}^{\mathrm{j}\pi\sin\theta\sin\varphi}$$

当 $\theta=\dfrac{\pi}{2}$，$\sin\varphi\sin\theta=0$ 时，辐射强度最强。

当 $\theta=0$ 时，$E_\theta=0$，辐射强度为零；当 $\theta\neq0$，$\sin\varphi\sin\theta=\pm1$ 时，辐射强度为零。

同类型多元天线在某个特定方位上可以通过电磁波的干涉使得幅度加强，从而可以获得窄波束的天线。

**13.** 设有一球对称的电荷分布，沿径向以频率 $\omega$ 作简谐振动，求辐射场，并对结果给予物理解释。

**解** 不会发生辐射，因为电荷球对称分布意味着电荷密度 $\rho=\rho(\vec{r}')$ 只是 $\vec{r}'$ 的函数而与坐标 $\theta'$、$\varphi'$ 无关。设在平衡状态下，球内任意点源的位矢为 $\vec{r}'_0$，当电荷沿径向振动时其位矢和速度分别为

$$\vec{r}'=\vec{r}'_0\,\mathrm{e}^{-\mathrm{j}\omega t'}，\quad \vec{v}'=-\mathrm{j}\omega\vec{r}'$$

于是球内任意点上的电流密度为

$$\vec{J}(\vec{r}',t')=\rho(\vec{r}')\vec{v}'=-\mathrm{j}\omega\rho(\vec{r}')\vec{r}'$$

显然，在任意一条球径上，由于两个对称点上电荷密度 $\rho(\vec{r}')$ 相等，而位矢 $\vec{r}'$ 则等值反向，因而 $\vec{J}(x',t')$ 等值反向而互相抵消，故推迟势必定为零，即

$$\vec{A}(\vec{r},t)=\frac{\mu_0}{4\pi}\int_V\frac{\vec{J}(\vec{r}',t')}{r}\mathrm{d}V'=0$$

**14.** 导出在天线阵长度 $L\approx\lambda$（波长）时，相控阵天线波束宽度的近似表达式。将相控阵天线与光栅衍射特性进行比较，讨论二者之间的相同点。

**解** 根据 $\Theta_{0.5}=\lambda/L$，可以得到相控阵天线波束宽度的表达式为 $\Theta_{0.5}=\lambda/L\approx1°$（弧度）。

相控阵天线与光栅衍射特性的相同点都是干涉原理。根据惠更斯-菲涅耳原理，传播波前上的每个点都可以被认为是点源，并且任何后续点处的波前可以通过来自每个单独点源的贡献相加。一个理想的衍射光栅可以认为由一组等间距的无限长、无限窄狭缝组成，狭缝之间的间距为 $d$，称为光栅常数。当波长为 $\lambda$ 的平面波垂直入射于光栅时，每条狭缝上的点都扮演了次波源的角色；从这些次波源发出的光线沿所有方向传播（球面波）。沿某一特定方向的光场是由从每条狭缝出射的光相干叠加而成的。由于从每条狭缝出射的光在干涉点的相位都不同，它们之间会部分或全部抵消或者增强。

相控阵天线通过控制每个阵元产生电磁波的相位与幅度，以此来强化电磁波在指定方向上的强度，并压抑其他方向的强度，从而让电磁波束的方向发生改变。

**15.** 何谓天线的阻抗，天线阻抗与哪些因素有关？当天线用作发射电磁波时，如果天线的阻抗与发射机的内阻抗不匹配，严重时将导致什么结果，为什么？

**解** 实际天线馈电端的输入阻抗并不等于辐射电阻，因为辐射电阻所等效的只是天线辐射电磁波能量部分，输入到天线的能量还包括天线导体电流的热损耗、信号源与

天线近场之间的无用能量交换,使得输入阻抗并非是纯电阻,而是呈现复阻抗特性。

如果天线的阻抗与发射机的内阻抗不匹配,严重时将导致电磁波的能量返回,导致发射机被烧毁。

**16.** 应用等效原理,求导体平面上(见图 8-4)的圆环缝隙在上半空间的辐射场。圆环缝隙为同轴线的断口,内、外半径分别为 $a$ 和 $b$。同轴线与时谐电压源连接,外导体与导体平面连接。

**解**　根据图 8-4 建立坐标系,上半空间 $z>0$ 辐射电磁场满足麦克斯韦方程组

$$\begin{cases} \mathbf{\nabla} \cdot \vec{E} = 0 \\ \mathbf{\nabla} \times \vec{E} = -\mathrm{j}\omega\mu_0 \vec{H} \\ \mathbf{\nabla} \cdot \vec{H} = 0 \\ \mathbf{\nabla} \times \vec{H} = \mathrm{j}\omega\varepsilon_0 \vec{E} \end{cases}$$

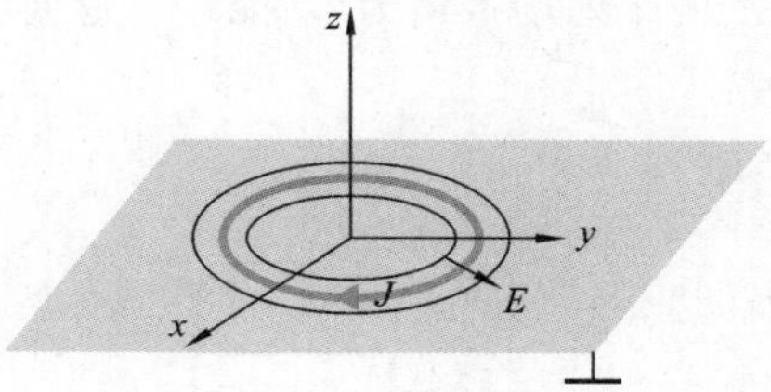

假设圆环的间距为 $d$,忽略边界效应,圆环内电场的分布为

$$\vec{E} = \hat{e}_\rho E_0 \exp(\mathrm{j}\omega t), \quad E_0 d = V_0$$

图 8-4　第 16 题题图

假设 $\hat{n}$ 为平面的法线方向,在圆环内,有

$$\hat{n} \times \vec{E} = \hat{e}_z \times \vec{E} = \hat{e}_\varphi \frac{V_0}{d}$$

假设缝隙天线在上半空间的辐射场可以等效为磁流在上半空间产生的场,其满足的方程为

$$\begin{cases} \mathbf{\nabla} \cdot \vec{E}_m = 0 \\ \mathbf{\nabla} \times \vec{E}_m = -\mathrm{j}\omega\mu_0 \vec{H}_m \\ \mathbf{\nabla} \cdot \vec{H}_m = 0 \\ \mathbf{\nabla} \times \vec{H}_m = \mathrm{j}\omega\varepsilon_0 \vec{E}_m \end{cases}$$

边界条件为 $\hat{n} \times [\vec{E}_m] = -\vec{J}_m$,则磁流密度为 $\vec{J}_m = -\hat{e}_\varphi \dfrac{V_0}{d}$,我们求出的磁流强度为 $I_m = J_m d = -V_0$,磁流环可以等效为电偶极子。假设圆环的半径为 $R$,则电偶极矩为

$$\vec{P}_e = \hat{e}_z \varepsilon_0 I_m \pi R^2$$

其产生的电磁波为

$$\begin{cases} E_\theta = -\dfrac{P_e}{2} \dfrac{w}{\lambda} \dfrac{\sin\theta}{r} \sqrt{\dfrac{\mu_0}{\varepsilon_0}} \exp(-\mathrm{j}kr) \\ H_\varphi = -\dfrac{P_e}{2} \dfrac{w}{\lambda} \dfrac{\sin\theta}{r} \exp(-\mathrm{j}kr) \end{cases}$$

根据时变电磁场的镜像原理,导体面感应面磁流在上半空间的辐射场,等效为电偶极子的像在上半空间的辐射场。当 $h \to 0$ 时,源和像电偶极子重合,相当于原来电偶极子的两倍,故得到

$$\begin{cases} E_\theta = V_0 \pi R^2 \dfrac{w}{\lambda} \dfrac{\sin\theta}{r} \sqrt{\mu_0 \varepsilon_0} \exp(-\mathrm{j}kr) \\ H_\varphi = \varepsilon_0 V_0 \pi R^2 \dfrac{w}{\lambda} \dfrac{\sin\theta}{r} \exp(-\mathrm{j}kr) \end{cases}$$

**17.** 为测试天线的性能,将天线放置在如图 8-5 所示的地面上(可视为接地的理想导体平面),请问此时测量的结果与真空中电流振子天线的辐射特性有何不同? 在测试过程中,由于不小心,将垂直地表面的天线倒放在地面上,结果导致发射机毁坏,请解释导致发射机毁坏的原因。

**解** 将电流振子天线放置在如图 8-5 所示的地面上(见图 8-6 左侧),此时天线的镜像与源同向,测量的结果几乎是真空中电流振子天线的辐射特性的两倍。

如果电流振子天线倒放在地面上(见图 8-6 右侧),此时天线的镜像与源相反,导致天线的辐射场抵消为零,能量将返回到发射机,导致发射机被烧毁。

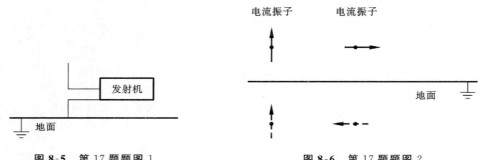

图 8-5 第 17 题题图 1          图 8-6 第 17 题题图 2

**18.** 设某地有雷达站天线塔辐射电场与地球表面垂直的线极化电磁波。为测定天线塔方位,可用测向仪(由接收机与天线组成)在两个不同地点测出来波的方向并使其交相交,即测得天线塔方位(见图 8-7)。现有一台接收机,一副电偶极子天线和一副圆环形磁偶极子天线,求解如下问题:

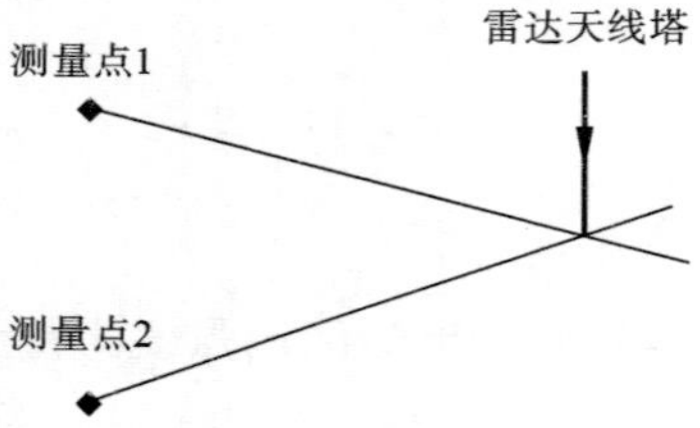

(1) 选择哪种天线作为测向仪的接收天线,说明你选择的理由。

(2) 如何使用所选天线才能正确测出雷达站天线塔的位置?

(3) 分析并说明天线辐射(或接收)具有方向性的原因。

图 8-7 第 18 题题图

**解** (1)应该选择磁偶极子天线作为接收天线,圆环为边界的曲面上来波信号磁通量的时间变化率将在圆环天线中感应出随外来信号变化的旋涡电场,该电场驱动圆环天线体中电荷运动,形成接收电磁信号的电流,从而实现对来波电磁信号的接收。

(2)圆环平面法向与来波磁场振动方向平行时,接收来波信号强度达到最强。圆环法向即来波磁场振动方向,利用来波电场方向、磁场方向即可确定来波传播方向。分别测定两个不同地点雷达来波方向,使其相交,相交点即雷达站天线塔的位置。

(3)天线上的源到场点的距离不同,由于干涉效应,有些方向电磁场增强,有些方向电磁场减弱,因此具有方向性。

**19.** 设平面电磁波垂直入射无穷长圆柱导体,电场与圆柱导体轴垂直,求圆柱导体对该平面电磁波的散射波。

**解** 将圆柱导体的轴线取作 $z$ 轴,入射磁场沿 $z$ 轴方向,入射电场沿着 $y$ 轴方向,

电磁波入射方向为 $x$ 轴方向。由于入射磁场沿圆柱导体轴均匀分布,圆柱导体轴上感应电流密度与 $z$ 轴无关,方向与 $z$ 轴垂直,散射磁场极化与入射波磁场相同,为二维散射问题。在圆柱导体外部空间,既无电流分布,也无电荷存在,总磁场满足亥姆霍兹方程;圆柱导体边界面上总磁场的切向分量为零,在无穷远处,散射磁场 $H^s$ 趋于零,总磁场趋近于入射场 $H^i$。因此,总磁场满足的方程及边界条件为

$$\begin{cases} \mathbf{\nabla}^2 \vec{H} + k^2 \vec{H} = 0 \\ \hat{n} \times \vec{H}|_{\rho=a} = 0 \\ H|_{\rho=\infty} = H^i \end{cases}$$

可以得到

$$\begin{cases} \mathbf{\nabla}^2 H_z + k^2 H_z = 0 \\ H_z(a,\varphi) = 0 \\ H_z|_{\rho=\infty} = H_z^i \end{cases}$$

将 $H_z(\rho,\varphi) = H_z^s + H_z^i$ 代入上式,得到散射波的方程和边界条件为

$$\begin{cases} \mathbf{\nabla}^2 H_z^s + k^2 H_z^s = 0 \\ H_z^s(a,\varphi) = -H_z^i \\ H_z^s|_{\rho=\infty} = 0 \end{cases}$$

在圆柱坐标系中,令 $H_z^s(\rho,\varphi) = R(\rho)\phi(\varphi)$,并进行变量分离,得到

$$\begin{cases} \phi''(\varphi) + n^2 \phi(\varphi) = 0 \\ \dfrac{1}{\rho}\dfrac{\partial}{\partial \rho}\left[\rho \dfrac{\partial}{\partial \rho} B(\rho)\right] + \left(k^2 - \dfrac{n^2}{\rho^2}\right)B(\rho) = 0 \end{cases}$$

其基本解为

$$\begin{cases} H_n^{(1)}(k\rho)\exp(jn\phi) \\ H_n^{(2)}(k\rho)\exp(jn\phi) \end{cases}$$

所以通解为

$$H_z^s(\rho,\varphi) = \sum_{n=-\infty}^{\infty}\left[a_n H_n^{(1)}(k\rho) + b_n H_n^{(2)}(k\rho)\right]\exp(jn\phi)$$

对于散射磁场,应为外行波,只保留第二类汉克尔函数,因此散射磁场可以表示为

$$H_z^s(\rho,\varphi) = \sum_{n=-\infty}^{\infty} b_n H_n^{(2)}(k\rho)\exp(jn\phi)$$

其中待定系数可以由散射波与入射波在圆柱导体面上满足的条件确定。利用贝塞尔函数,入射电磁波的磁场可以展开为

$$H_z^i = \exp(-jkx) = \exp(-jk\rho\cos\varphi) = \sum_{n=-\infty}^{\infty} j^{-n} J_n(k\rho)\, e^{jn\varphi}$$

利用边界条件,得到系数为

$$b_n = \frac{j^{-n} J_n(ka)}{H_n^2(ka)}$$

因此散射磁场为

$$H_z^s(\rho,\varphi)=\sum_{n=-\infty}^{\infty}\frac{\mathrm{j}^{-n}J_n(ka)}{H_n^{(2)}(ka)}H_n^{(2)}(k\rho)\,\mathrm{e}^{jn\varphi}$$

**20.** 以导体边界为例,当导体界面对源电荷的感应不能即时响应时,试分析镜像原理是否能够应用时变情形。

**解** 只有导体的极化、磁化、传导对源电荷能够即时响应,即源在界面上感应的面电荷和面电流服从相同的机理,才能使用镜像原理对其进行分析。如果导体界面对源电荷的感应不能即时响应,则镜像原理不能应用时变情形。

**21.** 现有一电流环天线位于无限大理想导体平板上方高 $h=\lambda/4$ 处(见图 8-8),且电流环的轴线与导体面平行。已知电流环天线半径 $r=0.05\lambda$,天线上电流振幅 $I_0$,试求该天线的辐射远场的电场。

**解** 电流环天线可以等效成磁偶极子天线。假设在球坐标系中,该磁偶极子天线位于坐标原点,沿 $z$ 轴放置,如图 8-9 所示。

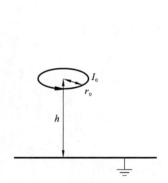

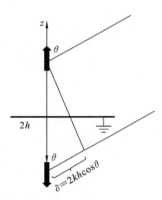

图 8-8　第 21 题题图 1　　　　　　图 8-9　第 21 题题图 2

源磁偶极子辐射电场的表达式为

$$E_\varphi=\frac{I_0\Delta s\,k^2\sin\theta}{4\pi r}\sqrt{\frac{\mu_0}{\varepsilon_0}}\mathrm{e}^{-\mathrm{j}kr}=\frac{0.0025I_0\pi^2\sin\theta}{r}\sqrt{\frac{\mu_0}{\varepsilon_0}}\mathrm{e}^{-\mathrm{j}kr}$$

根据镜像方法,图 8-9 中磁偶极子的像磁偶极子的方向与源极子相反,即指向 $-z$ 方向。源与像极子的距离为 $2h$,所以总的电场为

$$\vec{E}_{总}=\hat{e}_\varphi E_\varphi(1-\mathrm{e}^{-\mathrm{j}\delta})$$

式中:$\delta=2kh\cos\theta=\pi\cos\theta$,所以

$$\vec{E}_{总}=\hat{e}_\varphi E_\varphi(1-\mathrm{e}^{-\mathrm{j}\pi\cos\theta})$$

**22.** 当电偶极子天线的轴线沿南北方向放置时,如果接收天线也是电偶极子天线,请讨论收发天线的相对方位对测量结果的影响。

**解** 当接收电偶极子天线的轴线与发射天线的轴线平行(南北方向)时,接收的电场强度最强,当接收天线的轴线和发射天线的轴线相互垂直时,接收的电场强度为零。当接收天线轴线处于其他位置时,接收到的电场强度介于最大值和零之间。

# 参 考 文 献

[1] 柯亨玉,龚子平,张云华,等. 电磁场理论基础(第三版)[M]. 武汉:华中科技大学出版社,2020.

[2] 郭硕鸿. 电动力学(第三版)[M]. 北京:高等教育出版社,2008.

[3] 谢处方,饶克谨,杨显清,等. 电磁场与电磁波(第5版)[M]. 北京:高等教育出版社,2019.

[4] 赵凯华,陈熙谋. 电磁学(第四版)[M]. 北京:高等教育出版社,2018.

[5] 钟顺时. 电磁场基础[M]. 北京:清华大学出版社,2006.

[6] John David Jackson. Classical Electro-dynamics(Third Edition)[M]. Hoboken:Wiley,1998.

[7] 毕德显. 电磁场理论[M]. 北京:电子工业出版社,1985.

[8] 葛德彪,魏兵. 电磁波理论[M]. 北京:科学出版社,2011.

[9] 王蔷,李定国,龚克. 电磁场理论基础[M]. 北京:清华大学出版社,2001.

[10] 路宏敏,赵永久,朱满座. 电磁场与电磁波基础[M]. 北京:科学出版社,2006.